高等院校化学化工类专业规划教材

高分子仪器分析实验方法

Experimental Methods for Instrumental Analysis of Polymers

董　坚　刘福建　邵林军　孟　旭　叶　锋　编著

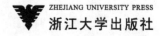

ZHEJIANG UNIVERSITY PRESS
浙江大学出版社

序　言

长期以来,仪器分析实验方法的教材和专著往往只限于常规的无机化合物和有机化合物。专门针对高分子材料的仪器分析方法,虽然已经有一些理论教材和专著,但是详细介绍基本实验方法的教材和专著一直稀缺,高分子材料的从业人员时常会感到难以动手开展工作。因此,介绍将仪器分析方法应用于高分子材料的专著和教材就显得比较重要,可以为从事高分子材料的工作者提供参考指南。

本书的内容涵盖红外光谱法、紫外分光光度法、荧光光谱法、核磁共振波谱法、原子吸收光谱法、气相色谱法、高效液相色谱法、凝胶渗透色谱法、电位分析法、循环伏安法、差热分析、热重分析、电子显微镜等基本实验方法。如何利用这些手段来解决高分子材料中的常见问题,如聚合物的化学结构、共聚物的组成、立构规整性、分子量分布、聚合物的吸附结合性能、聚合物中残余单体或增塑剂的含量、微纳米粒子的粒径分布与表面电位、热固性树脂的固化、聚合物的热稳定性、微观形貌等,往往是开展高分子的化学与物理研究的起点。

本书为通用高分子材料、高性能高分子材料、功能高分子材料、复合材料等方向的研究人员和师生提供实验教学指导,适合"高分子材料与工程"专业的本科生、"高分子化学与物理"专业的研究生教学,以及"材料科学与工程"专业的本科生与研究生教学。本书的出版,也能满足以能力为导向的卓越工程师的培养要求。

本书由董坚、刘福建、邵林军、孟旭、叶锋共同编写,获得浙江省大学生校外实践教育基地的资助。由于编者水平有限,书中可能存在疏漏和不足之处,敬请读者批评指正。

编　者

2017 年 10 月

目　　录

实验 1 红外光谱法鉴定聚合物的化学结构

一、实验目的

1.了解红外光谱分析法的基本原理。

2.初步掌握红外光谱样品的制备和红外光谱仪的使用方法。

3.掌握红外吸收光谱的应用和谱图的分析方法。

二、实验原理

红外光谱与有机化合物、高分子化合物的结构之间存在密切的关系。它是研究结构与性能关系的基本手段之一。红外光谱分析具有速度快、取样微、高灵敏并能分析各种状态的样品等特点,广泛应用于高聚物领域,如对高聚物材料的定性定量分析,研究高聚物的序列分布,研究支化程度,研究高聚物的聚集形态结构、高聚物的聚合过程反应机理和老化,还可以对高聚物的力学性能进行研究。

红外光谱属于振动光谱,其光谱区域可进一步细分为近红外区($12800 \sim 4000 cm^{-1}$)、中红外区($4000 \sim 200 cm^{-1}$)和远红外区($200 \sim 10 cm^{-1}$)。其中最常用的是 $4000 \sim 400 cm^{-1}$,大多数化合物的化学键振动能的跃迁发生在这一区域。

按照光谱和分子结构的特征可将整个红外光谱大致分为两个区,即官能团区($4000 \sim 1300 cm^{-1}$)和指纹区($1300 \sim 400 cm^{-1}$)。官能团区,即前面讲到的化学键和基团的特征振动频率区,它的吸收光谱很复杂,特别能反映分子中特征基团的振动,基团的鉴定工作主要在该区进行。指纹区的吸收光谱很复杂,特别能反映分子结构的细微变化,每一种化合物在该区的谱带位置、强度和形状都不一样,相当于人的指纹,用于认证化合物是很可靠的。此外,在指纹区也有一些特征吸收峰,对于鉴定官能团也是很有帮助的。

三、仪器与试剂

1.仪器:傅里叶变换红外光谱仪(美国尼高力 NEXUS 型或者 6500 型)。

2.试剂与样品:二氯甲烷(或氯仿)、聚氯乙烯(PVC)粉末、聚对苯二甲酸乙二醇酯(PET)薄膜、聚乙烯(PE)薄膜、聚丙烯(PP)薄膜、聚偏氯乙烯(PVDC)薄膜。

四、实验步骤

1.制样:

(1)PVC 溶液制膜:将 PVC 粉末溶于二氯甲烷(或氯仿)中,然后均匀地浇涂在溴化钾片上,待溶剂挥发后,直接测试。

(2)溴化钾压片法:取 $1 \sim 2 mg$ 的 PVC 粉末样品和 $20 \sim 30 mg$ 干燥的溴化钾晶体,于玛玛研钵中研磨成均匀的细粉末,装入模具内,在油压机上压制成片测试。

2.放置样片：

打开红外光谱仪的电源,待其稳定后(30min),把制备好的样品放入样品架,然后放入仪器样品室的固定位置。

3.按仪器的操作规程测试：

(1)红外透射光谱:采用红外透射光谱法测定PVC膜和PVC压片的红外光谱;

(2)全反射红外光谱(ATR):采用ATR附件,测定几种薄膜样品的全反射红外光谱;

(3)谱图分析:处理谱图文件,如基线拉平、曲线平滑、取峰值等;

(4)将实验样品谱图与标准谱图进行对比。

五、数据处理

1.解析红外光谱,要注意吸收峰的位置、强度和峰形。

2.将试样谱图与文献谱图(或标准谱库中的谱图)对照或根据所提供的结构信息,初步确定产物的主要官能团。

六、思考题

1.阐述红外光谱法的特点和产生红外吸收的条件。

2.样品的用量对检测精度有无影响？

3.溴化钾压片制样过程中应注意哪些事项？

实验 2　紫外分光光度法测苯乙烯-甲基丙烯酸甲酯共聚物的组成

一、实验目的

1. 掌握紫外吸收光谱的原理和分析方法。
2. 了解紫外光谱在高聚物工业中的应用。
3. 掌握利用紫外吸收光谱测定共聚物组成的方法。

二、实验原理

波长 50～400nm 的光波为紫外光,其中 200～400nm 为近紫外光区,因为该区间的紫外光能通过空气和石英玻璃,适用于该区间的紫外分光光度计,其构造不复杂,容易推广;波长小于 200nm 的紫外光称为远紫外光区,由于该区间紫外光能被空气中的氧吸收,只能在真空中进行工作,要制造该光区的紫外分光光度计很复杂、不易推广。

高聚物大部分是以共价键结合起来的,共价键(有 σ 键和 π 键)中电子的运动各有不同形式的成键轨道,分别称为 σ 轨道和 π 轨道。有一个成键轨道存在,必伴随有一个相应的反键轨道(用 σ^*、π^* 表示),稳定分子中的各个原子的价电子都分布在 σ 轨道和 π 轨道中运动,反键轨道一般都是空着的。电子从成键轨道跃迁到反键轨道,需要吸收一定的能量,这种能量是量子化的。有些原子如氮、氧、卤族元素等的外层电子除参与 σ 键和 π 键生成外,还有未参与成键的孤电子对,它们各自在非键轨道上运动,以"n"轨道表示,这些电子的轨道能量在原子结合成分子的过程中基本没有变化。

一般说来,在大部分的高聚物中,电子由于吸收光子而跃迁到反键轨道,其波长及相应的能量大致如表 2-1 所示。

表 2-1　各种电子的跃迁类型、波长及相应的能量

跃迁类型	吸收波长/nm	摩尔能量/kcal
$\sigma \rightarrow \sigma^*$	150	190
$\pi \rightarrow \pi^*$	165	173
$n \rightarrow \pi^*$	280	101

从表 2-1 中可以看出,$\sigma \rightarrow \sigma^*$ 和 $\pi \rightarrow \pi^*$ 的跃迁,吸收的波长都在远紫外区,只有 $n \rightarrow \pi^*$ 的跃迁发生在近紫外区,另外若分子中存在多个双键构成共轭体系时,其 $\pi \rightarrow \pi^*$ 跃迁能量会大为降低,使它的吸收波长出现在近紫外光区,属于近紫外光区的吸收波长可用一般的紫外分光光度计测定。在近紫外光区有吸收波长的基团或结构称为发色团,凡有不成键电子对的基团连接在其共轭双键上,能使共轭体系吸收光波移向长波长一端,如—OH,—NH₂、

—SH、卤素等为助色团,使吸收向长波长的一端移动的称为向红效应(或称红移),向短波一端移动的称向紫效应(或称蓝移)。

由于一般具有紫外光谱的化合物,其消光系数 ε 值都很高而且重复性好,因此可做结构或组成的定量分析,这是一个既灵敏又准确的方法。

本实验就是用紫外光谱对苯乙烯和甲基丙烯酸甲酯共聚物的组成进行定量分析。

某一化合物的吸光度(A)与浓度(C)的关系服从朗伯-比耳定律:

$$A=\lg\frac{I_0}{I}=\varepsilon LC \tag{2-1}$$

式中:ε 为消光系数;L 为吸收层厚度;I_0、I 分别为入射光和透过光的强度。ε 在数值上等于单位浓度和单位吸收层厚度下的吸光度,如果浓度单位为 g/L,厚度单位为 cm,那么 ε 称为比消光系数;如果浓度单位为 mol/L,那么 ε 称为摩尔消光系数。

根据吸收定律之加和性,多组分混合物或共聚物的吸光度等于各单独组分吸光度的总和:

$$A=A_1+A_2+\cdots \tag{2-2}$$

式中:A_1,A_2,$\cdots$ 分别表示单独组分在一定波长下的吸光度。吸光度服从加和性规律使得多元组分混合物(或共聚物)的定量分析成为可能。

已知聚苯乙烯(PSt)和聚甲基丙烯酸甲酯(PMMA)在 265nm 波长均有吸收,但吸收强度差别很大:PSt 吸收得多,消光系数(ε_s)大;PMMA 吸收得少,消光系数(ε_m)小。

将一组不同配比的 PSt 和 PMMA 的混合物溶于氯仿,制成一定浓度(约 10^{-3} mol/L)的氯仿溶液,用紫外分光光度计测定 265nm 处的吸光度(A),则:

$$A=\varepsilon_s LC_s+\varepsilon_m LC_m \tag{2-3}$$

式中:ε_s、ε_m 分别为 PSt、PMMA 的比消光系数;C_s、C_m 分别为 PSt、PMMA 的浓度,g/L。

将式(2-3)整理得:

$$A=\varepsilon_s LC_s+\varepsilon_m LC_m=(C_s+C_m)L\varepsilon_m+(C_s+C_m)(\varepsilon_s-\varepsilon_m)\frac{C_s L}{C_s+C_m} \tag{2-4}$$

令 $C=C_s+C_m$,$W_s=\dfrac{C_s}{C_s+C_m}$,则

$$A=CL\varepsilon_m+CL(\varepsilon_s-\varepsilon_m)W_s=a+bW_s \tag{2-5}$$

式中:a、b 为常数,只与仪器与溶液的比消光系数相关。

将一组 A 对 W_s 作图即可得一标准工作线。

今假定在共聚物中式(2-5)关系同样成立,测出共聚物的氯仿溶液在 265nm 处的吸光度,对照标准工作线即可求出共聚物的组成。

三、仪器与试剂

1. 仪器:紫外可见分光光度计(岛津 UV2550 型)、仪器稳压电源、10mL 容量瓶、25mL 容量瓶。

2. 试剂:聚苯乙烯(PSt)、聚甲基丙烯酸甲酯(PMMA)、苯乙烯-甲基丙烯酸甲酯共聚物(PSt-PMMA)、氯仿(或者用二氯甲烷替代)。

四、实验步骤

1. 取 2 个 25mL 容量瓶,洗净烘干,分别配制浓度为 10mg/mL 的 PSt、PMMA 氯仿溶液。

2. 取 6 个 10mL 容量瓶,按表 2-2 比例配制混合溶液,稀释到刻度,摇匀,总浓度为 1mg/mL;测定溶液在 265nm 处的吸光度。

表 2-2　待测溶液中 PSt 和 PMMA 的组成

编号	1	2	3	4	5	6
PSt 溶液/mL	0	1.00	2.00	3.00	4.00	5.00
PMMA 溶液/mL	5.00	4.00	3.00	2.00	1.00	0

3. 取 1 个 10mL 容量瓶,配制浓度为 1mg/mL 的未知物 PSt-PMMA 氯仿溶液,于 265nm 处测定吸光度。

五、数据处理

1. 由步骤 2 所得数据作图,并用最小二乘法求工作曲线 $A = a + bW_s$。

2. 求步骤 3 中未知物的组成。

六、思考题

1. 用紫外分光光度计测量高聚物的结构和组成,受到哪些限制?

2. 紫外可见光谱测定是否可用一般玻璃器皿? 为什么?

实验 3 聚乙烯吡咯烷酮的荧光光谱及其影响因素

一、实验目的

1. 了解荧光光谱的基本原理。
2. 掌握聚合物荧光发射光谱和荧光激发光谱的测试方法。

二、实验原理

荧光是分子从激发态的最低振动能级回到原来基态时发射的光。利用物质被光照射后产生的荧光辐射对该物质进行定性分析和定量分析的方法,称为荧光分析。在一定光源强度下,若保持激发波长不变,扫描得到的荧光强度与发射波长的关系曲线,称为荧光发射光谱;反之,若保持发射波长不变,扫描得到的荧光强度与激发波长的关系曲线,则称为荧光激发光谱。在一定条件下,荧光强度与物质浓度成正比,这是荧光定量分析的基础。荧光分析的灵敏度不仅与溶液的浓度有关,而且与紫外光照射强度及所选测量波长等因素有关。

聚乙烯吡咯烷酮(PVP)是一种非常重要的水溶性高分子聚合物,它不仅具有优异的溶解性、化学稳定性、成膜性、生理惰性、黏结能力,而且还可以与许多无机、有机、高分子化合物结合形成多种具有独特功能的新型化学品。本实验主要是为了测定 pH、无机离子对 PVP 荧光性能的影响。

三、仪器与试剂

1. 仪器:荧光光谱仪(Hitachi,F-4500)。
2. 试剂:聚乙烯吡咯烷酮(PVP K30,分子量为 4 万左右)、氯化锌。

四、实验步骤

1. 配制溶液:
(1)配制 100mL 浓度为 1.5×10^{-6} mol/L 的 PVP 水溶液;
(2)用盐酸配制 pH=3 的水溶液 100mL;
(3)配制 pH=3 的 $ZnCl_2$ 水溶液,浓度为 8×10^{-3} mol/L。
2. 荧光光谱测定:
(1)荧光光谱仪测定参数的设置。激发波长:300nm;扫描速度:1200nm/min;扫描范围:320~600nm;夹缝宽度:10。
(2)分别将 PVP 溶液和去离子水、pH 为 3 的水溶液、$ZnCl_2$ 水溶液以 1∶1 的体积比混合,测定混合溶液的荧光激发光谱和荧光发射光谱。

五、数据处理

1. 比较酸度、$ZnCl_2$ 对 PVP 荧光光谱的影响。
2. 分析 PVP 荧光光谱变化的内在原因。

六、思考题

1. 是否可以用荧光光谱仪来进行聚合物的定性分析? 试解释其原因。
2. 荧光物质为什么能产生荧光?

七、参考文献

[1]陈旭东,王新波.聚乙烯吡咯烷酮水溶液荧光光谱特性的研究[J].中山大学学报(自然科学版),2004,43(3):54-56.

实验 4　核磁共振波谱法研究聚合物结构

一、实验目的

1.掌握化合物的 ^{1}H-NMR 谱测定技术。

2.熟悉并掌握 ^{1}H-NMR 谱的解析方法及其在聚合物结构鉴定中的应用。

3.掌握核磁共振波谱所给出的结构信息及其在化合物结构鉴定中的应用。

4.了解核磁共振波谱仪的构造及工作原理。

二、实验原理

在合适频率的射频作用下,引起有磁矩的原子核发生核自旋能级跃迁的现象,称为核磁共振(Nuclear Magnetic Resonance,NMR)。根据核磁共振原理,在核磁共振波谱仪上测得的图谱,称为核磁共振波谱(NMR Spectrum)。利用核磁共振波谱进行结构鉴定的方法,称为核磁共振波谱法(NMR Spectroscopy)。核磁共振波谱法在有机药物的结构鉴定中,起着举足轻重的作用。

(一)质子核磁共振波谱(^{1}H-NMR 谱)

^{1}H-NMR 谱是目前研究最充分的波谱,已得到许多规律用于分子结构的研究。从常规 ^{1}H-NMR 谱中可以得到以下三个方面的结构信息:

(1)从化学位移可判断分子中存在质子的类型(如—CH$_3$、—CH$_2$—、CH $=$ CH、Ar—H、—OH、—CHO 等)及质子的化学环境和磁环境;

(2)从积分值可以确定每种基团中质子的相对数目;

(3)从耦合裂分情况可判断质子与质子之间的关系。

(二)碳核磁共振波谱(^{13}C-NMR 谱)

目前常规的 ^{13}C-NMR 谱采用全氢去偶脉冲序列测定,该谱图中每个碳原子对应一个谱峰,谱图相对简化便于解析。 ^{13}C-NMR 谱与 ^{1}H-NMR 谱相比,最大的优点是化学位移分布范围宽,一般有机化合物化学位移范围为 $0\sim200$ppm,相对不太复杂的不对称分子,常可检测到每个碳原子的吸收峰(包括季碳),从而得到丰富的碳骨架信息,对于含碳较多的有机化合物,具有很好的鉴定意义。

本实验以聚氧乙烯-聚氧丙烯-聚氧乙烯(代表性的有 PEO$_{20}$-PPO$_{70}$-PEO$_{20}$)嵌段共聚物为例,进行 ^{1}H-NMR 谱的测定和解析。比较聚丙烯酰胺与丙烯酰胺单体的 NMR 峰的异同点。介绍 Bruker Avance 400MHz 超导核磁共振波谱仪的构造及工作原理,测定未知化合物的核磁共振波谱,并对其进行解析,确定未知物的化学结构。

将样品 1 溶于氘代氯仿中,以 TMS 为内标测试其 ^{1}H-NMR 谱图,并进行解析;将样品

2 溶于氘代二甲基亚砜,以 TMS 为内标测试其 ^{1}H-NMR 谱图,并进行解析。

三、仪器与试剂

1. 仪器:Bruker Avance 400MHz 核磁共振波谱仪、清洁的 5mm 核磁样品管。

2. 样品:聚合物样品 1、聚合物样品 2、单体 N-乙烯基吡咯烷酮(NVP)、聚乙烯吡咯烷酮(PVP)。

3. 溶剂:氘代氯仿、氘代二甲基亚砜(DMSO-d_6,含 0.1% 内标物 TMS)、重水。

四、实验步骤

1. 熟悉 Bruker Avance 400MHz 核磁共振波谱仪的构造及工作原理。

2. 试样的制备。将约 5mg 聚合物样品 1 溶解在 0.5mL 氘代氯仿溶剂中制成溶液,装于 5mm 核磁样品管中待测定;将约 5mg 聚合物样品 2 溶解在 0.5mL 氘代二甲基亚砜溶剂中制成溶液,装于 5mm 核磁样品管中待测定。将 PVP 溶解在重水中,装于核磁样品管中待测;将单体 NVP 胺溶于重水中,比较 PVP 与单体 NVP 的 NMR 峰的异同点。

3. 测试步骤:

(1) ^{1}H-NMR 测试:放置样品→匀场→建立新文件→设定;

(2) ^{1}H-NMR 谱采样脉冲程序及参数→采样→设定谱图处理参数→处理谱图→绘图。

4. 谱图解析。聚合物 ^{1}H-NMR 的解析:分析未知聚合物的各个主要峰的化学位移,分析谱峰的归属,确定聚合物的结构。

五、注意事项

1. 严禁携带铁磁性物质(如手表、手机、磁卡、钥匙、金属首饰等)进入磁体周围;带心脏起搏器和金属支架的病人不得进入核磁共振实验室。

2. 在更换样品时,须听到磁体中有气流声时才可放样,不要操之过急,以免样品管跌碎在样品腔中损坏检测器(探头)。

六、思考题

1. 在 ^{1}H-NMR 检测中,影响化学位移的因素有哪些?

2. 对于聚氧乙烯-聚氧丙烯-聚氧乙烯(PEO_w-PPO_x-PEO_y)嵌段共聚物,如何利用谱图中的一些质子峰的面积,计算 PEO 段与 PPO 段的比例 $(w+y)/x$?

七、参考文献

[1] 魏俊富,张纪梅,葛启. ^{1}H-NMR 确定环氧乙烷/环氧丙烷聚醚的结构[J]. 精细化工, 1999,16(3):1-6.

[2] 曹凯. 核磁共振解析环氧乙烷/环氧丙烷共聚醚的结构[J]. 合成润滑油材料,2012, 39(1):3-5.

实验 5　聚甲基丙烯酸甲酯的立构规整性测试

一、实验目的

1. 了解本体聚合的特点,掌握本体聚合反应的操作方法。
2. 掌握通过本体聚合方法制备聚甲基丙烯酸甲酯的技术。
3. 掌握利用 FT-IR 和 ^{1}H-NMR 测试聚甲基丙烯酸甲酯立构规整性的方法。

二、实验原理

聚甲基丙烯酸甲酯(PMMA),俗称有机玻璃,是一种开发较早的重要热塑性塑料,是迄今为止合成透明材料中质地最优异、价格又比较适宜的品种。PMMA 具有较好的透明性、化学稳定性和耐候性,易染色,易加工,外观优美,具有广泛的应用。PMMA 溶于有机溶剂,如苯酚、苯甲醚等,通过旋涂可以形成良好的薄膜,具有良好的介电性能,可以作为有机场效应管(OFET)亦称有机薄膜晶体管(OTFT)的介质层。PMMA 树脂是无毒的材料,可用于生产餐具、卫生洁具等。

立构规整度是某种立构规整的聚合物占总聚合物的百分比,是评价聚合物性能、引发剂定向聚合能力的一个重要指标。

α-烯烃(CH$_2$ =CHX)形成的聚合物和 PMMA 的立体异构中有三种常见的构型:全同立构、间同立构和无规立构。当单体 CH$_2$ =CXY 中的 X、Y 代表不同的原子基团时,其中的 X、Y 基团排列的规整性称为分子链的立构规整度。若将主链平放在一个平面上,X 侧基一律位于平面的上侧,Y 侧基一律位于平面的下侧,此类聚合物链称为全同立构;若 X 侧基交替分布在平面的两侧,则称为间同立构;若 X 侧基或者 Y 侧基的分布没有规律,则称为无规立构。

立构规整度是在聚合物形成时所确定的,用引发剂引发聚合生产有规则的立构聚合物,有可能出现结晶现象。无规立构聚合物由于长链排列时难以形成规整,因此不能形成晶体。

聚合物的规整度与其力学、光学、介电性等性能密切相关,高度间同或高度全同的聚合物容易形成富有更多性能特点的螺旋形态,从而表现出独特的巨大旋光性,可能在生物医药、不对称反应、光信息材料等领域得到有价值的应用。经本体聚合得到的聚甲基丙烯酸甲酯的立构规整性可以利用 FT-IR 和 NMR 测试。

PMMA 存在全同立构、间同立构和无规立构,其立构规整性可由 FT-IR 表征。Nishioka 等人证实 PMMA 的 FT-IR 谱图中有三个表征间同立构的特征峰分别位于 750.9cm^{-1}、910cm^{-1} 和 1063.5cm^{-1},全同立构的特征峰位于 757cm^{-1}。PMMA 的立构规整性也可采

用 ^{1}H-NMR 表征。它的 α-甲基基团出现在 ^{1}H-NMR 谱图的 0.8~1.3ppm 的区域(见图 5-1),可能有三个峰,分别对应间同立构、无规立构、全同立构,依次出现。0.80~0.95ppm 处的峰(rr 峰)是间同立构的 α-甲基峰,0.95~1.10ppm 处的峰(mr 峰)是无规立构的 α-甲基峰,1.15~1.30ppm 处的峰(mm 峰)是全同立构的 α-甲基峰。根据这三个峰的面积比,可以计算间同立构峰、无规立构峰、全同立构峰的比例。另外,间同立构的 PMMA 的主链上的 —CH_2— 在 1.9~2.1ppm 区域只出现双峰,而全同立构的 PMMA 的主链上的 —CH_2— 在 1.5~2.5ppm 区域出现四重峰。

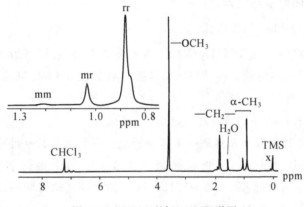

图 5-1　PMMA 的 ^{1}H-NMR 谱图

三、仪器与试剂

1. 仪器:Bruker Avance 400MHz 核磁共振波谱仪、清洁的 5mm 核磁样品管、傅里叶变换红外光谱仪(Nicolet Nexus 型或者 6500 型,或者岛津红外光谱仪 IR Prestige-21 型)。

2. 样品:不同立构规整度的 PMMA,参考下面所附的制备过程。

3. 溶剂:氘代氯仿、氘代二甲基亚砜(DMSO-d_6,含 0.1% 内标物 TMS)。

四、实验步骤

将 PMMA 粉碎成小颗粒,充分溶解于氘代氯仿(或者氘代二甲基亚砜),配成溶液,然后进行 ^{1}H-NMR 测试。再将 PMMA 溶于二氯甲烷,配制成稀溶液,滴到空白的无水 KBr 压片(或商品 KBr 盐片)上形成薄膜,在红外灯下充分挥发掉二氯甲烷后,进行 FT-IR 测试。

(一)立构规整性的 FT-IR 测试(以下操作过程以岛津 FT-IR 仪器为例)

1. 打开 FT-IR 仪器的电脑、红外光谱仪电源。

2. 双击桌面"IRsolution"图标运行红外光谱仪应用程序,出现"发现先前背景数据"对话框时,选择"否",之后系统进入自检状态,自检结束,待用。

3. 样品准备:

(1)将已烘干的纯溴化钾(100~200mg),研磨至粒径小于 2μm 的粉末;并对其进行压片,将压力调节到 80 后,等待 1min 再释放,制成厚度小于 0.5mm 的薄片;将压片放入 FT-IR 仪器的样品架,点击软件界面里的"背景",进行扫描。

(2)将样品 PMMA 溶于二氯甲烷,配制成稀溶液。将此 PMMA 溶液滴到空白的 KBr 压片上,在红外灯下充分挥发掉二氯甲烷后,再将此压片置于 FT-IR 仪器的样品夹中。

4.样品测试:将样品压片放入样品架并点击界面"样品"按钮,进行测试。

点击"处理 1"中的"基线"→"3 点"→"计算"可以优化曲线,再通过"处理 1"中的平滑处理可以将曲线中的毛刺部分变平滑。

5.点击"文件"菜单中的"导出",将数据保存为".txt"文本格式,进行作图。

上述 KBr 压片也可以在商品 KBr 片上涂覆 PMMA 薄膜来测试。

6.测试结束,关闭电脑与仪器。

(二)立构规整性的 ¹H-NMR 测试

1.试样的制备:将约 5mg PMMA 样品 1 溶解在 0.5mL 氘代氯仿溶剂中制成溶液,装于 5mm 样品管中待测定;将约 5mg PMMA 样品 2 溶解在 0.5mL 氘代二甲基亚砜溶剂中制成溶液,装于 5mm 样品管中待测定。

2.测试步骤:放置样品→匀场→建立新文件→设定。

¹H-NMR 谱采样脉冲程序及参数→采样→设定谱图处理参数→处理谱图→绘图。

4.聚合物 ¹H-NMR 的解析:分析未知聚合物各个峰的主要化学位移,计算 0.80～0.95ppm 处的间同立构峰面积、0.95～1.10ppm 处的无规立构峰面积、1.15～1.30ppm 处的全同立构峰面积,计算 PMMA 聚合物中三种立构规整度的组分的相对比例(即立构规整度)。

五、思考题

(1)举例说明 FT-IR 和 ¹H-NMR 测试其他类型聚合物的立体规整性的方法。

(2)测试聚合物的立体规整性的其他方法还有什么?

六、参考文献

[1]Nishioka A,Watanabe H,Abe K,et al. Grignard reagent-catalyzed polymerization of methyl methacrylate[J]. *Journal of Polymer Science Part A:Polymer Chemistry*,2010,48(150):241-272.

[2]黄志明,徐立新,王宝军,等.甲基丙烯酸甲酯本体聚合中物性参数的测定及关联[J].高校化学工程学报,2007,21(5):878-881.

[3]包建军,张爱民.微波聚合 PMMA 立体规整性的光谱研究[J].高分子材料科学与工程,2002,18(5):73-76.

[4]刘国庆.甲基丙烯酸甲酯光聚合立构规整度研究[D].南昌:南昌航空大学,2010.

[5]颜德岳,吴邦瑗,裘祖文,等.甲基丙烯酸甲酯的阴离子聚合反应(1)——产物的核磁共振波谱[J].同济大学学报(自然科学版),1980(4):34-43.

附录：

PMMA 的不同聚合方法对立构规整度的影响

Nishioka 等人对 MMA 的聚合反应条件与产物的立构规整度之间的关系有比较全面的研究，他们发现阴离子聚合时，格氏试剂引发剂的烷基 R—、温度、胺类促进剂可以控制规整度。使用含支链(异丁基、仲丁基等)烷基的格氏试剂、苯基溴化镁(PhMgBr)引发剂(在 0℃ 到室温反应)和环己基溴化镁($C_6H_{11}MgBr$)引发剂都可得到全同立构的产物。使用多数的直链烷基的格氏试剂可以得到立构嵌段混合的产物。采用安息香引发剂在紫外光照下、在 −35℃ 以下的低温环境中自由基聚合得到的产物基本上是间同型的 PMMA。常规的 BPO(过氧化二苯甲酰)引发的自由基聚合的 PMMA 主要是间同型($>60\%$)和双间同型($<40\%$)的，只含极少量的全同立构产物。

甲基丙烯酸甲酯的本体聚合是在不加溶剂与介质条件下单体进行聚合反应的一种聚合方法。与其他自由基聚合方法(如溶液聚合、乳液聚合等)相比，本体聚合可以制得较纯净、分子量较高的聚合物，且对环境污染也较小。反应条件如下：

1. 仪器：玻璃板、三口烧瓶、搅拌器、冷凝管、水浴锅、温度计等。

2. 材料：甲基丙烯酸甲酯(MMA)、过氧化二苯甲酰(BPO)。

3. 实验步骤与装置：合成聚合物的装置如图 1 所示。

(1)模具制备。将洁净的橡皮管弯成"U"形并涂上聚乙烯醇糊，置于两块干净的玻璃板之间使其粘合起来，并用铁夹固定，注意在一角留出灌浆口，从而制备得到简易的模具。

(2)预聚。将 20.0g MMA、0.04g BPO 加入到 250mL 三口烧瓶中，装上搅拌器、回流冷凝管及温度计(见图 1)，在搅拌下缓慢升温至 85℃，反应约 20min，随时注意聚合体系黏度的变化。

(3)注模。将上述三口烧瓶从水浴锅中取出并擦干外表面，然后将制备的预聚物沿玻璃壁缓缓倒入事先准备好的模具中，用一洁净的短橡皮管封口，避免聚合过程中单体的挥发。

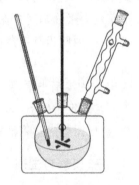

图 1 实验装置

(4)成型。将灌有预聚物的模具放入 60℃ 烘箱中，恒温反应 2h 后，升温至 100℃ 保持 1h，使残留单体聚合完全。最后关闭烘箱电源，降至室温。

(5)脱模。去掉模具上的铁夹，慢慢脱去玻璃板和橡胶管，即得有机玻璃平板。

实验 6　火焰原子吸收光谱法测定壳聚糖对铜离子的吸附性能

一、实验目的

1. 掌握原子吸收分光光度法的基本原理。
2. 了解原子吸收分光光度计的主要结构及操作方法。
3. 学习火焰原子吸收光谱法测定铜的含量的方法。

二、实验原理

溶液中的铜离子在火焰温度下变成基态铜原子,由光源(铜空心阴极灯)辐射出的铜原子特征谱线(铜特征共振线波长为 324.8nm)在通过原子化系统铜原子蒸汽时被强烈吸收,其吸收的程度与火焰中铜原子蒸汽浓度的关系符合比耳定律:

$$A = \lg \frac{1}{T} = KNL \tag{6-1}$$

式中:A 为吸光度;T 为透光度;L 为铜原子蒸汽的厚度;K 为吸光系数;N 为单位体积铜原子蒸汽中吸收辐射共振线的基态原子数。即铜原子蒸汽浓度 N 是与溶液中离子的浓度成正比的,因此当测定条件一定时,式(6-1)可以进一步改为:

$$A = kc \tag{6-2}$$

式中:c 为溶液中铜离子的浓度;k 为与测定条件有关的比例系数。

在既定条件下,测定一系列不同铜含量的标准溶液的吸光度(A)值,得 A—c 的标准曲线,再根据铜未知溶液的吸光度值即可求出未知液中铜离子的浓度。

三、仪器与试剂

1. 仪器:岛津原子吸收分光光度计(AA7000)、铜空心阴极灯。
2. 试剂:硫酸铜、壳聚糖(分子量 20 万、去乙酰度＞95％)、容量瓶、移液管。

四、实验步骤

1. 铜标准溶液的配制:先配制 50mL 100mg/L 铜溶液;然后在 5 只 50mL 容量瓶中,分别加入一定量的 100mg/L 铜溶液,以去离子水定容至刻度线,配制浓度为 1.0mg/L、3.0mg/L、5.0mg/L、7.0mg/L 和 10.0mg/L 的标准溶液。

2. 壳聚糖对铜离子的吸附性能:取 50mg 壳聚糖,置于 50mL 浓度为 50mg/L 的铜溶液中,间隔半小时取 1mL 溶液,离心后取上清液定容至 5mL,共计 5 次。

3. 测定:在工作站上设置分析条件,如波长、狭缝、标样个数及浓度、样品数等参数;然后分别测定铜标准溶液和壳聚糖吸附后溶液的铜吸光度。

五、数据处理

1.记录实验条件:仪器型号、吸收线波长、狭缝宽度、乙炔流量、空气流量。
2.记录实验结果:绘制铜标准曲线,画出壳聚糖对铜离子的吸附曲线。

六、思考题

1.简述原子吸收光谱的基本原理。
2.简述标准曲线法和标准加入法的不同的应用范围。
3.简述原子吸收分光光度计的主要结构及其主要功能。

实验 7　气相色谱法测定聚乙烯吡咯烷酮中的残余单体含量

一、实验目的

1. 掌握气相色谱的原理和分析方法。
2. 了解气相色谱在高聚物工业中的应用。
3. 测定聚合物中小分子化合物的组成。

二、实验原理

气相色谱的流动相为惰性气体,气-固色谱法中以表面积大且具有一定活性的吸附剂作为固定相。当多组分的混合样品进入色谱柱后,由于吸附剂对每个组分的吸附力不同,经过一定时间后,各组分在色谱柱中的运行速度也就不同。吸附力弱的组分容易被解吸下来,最先离开色谱柱进入检测器,而吸附力最强的组分最不容易被解吸下来,因此最后离开色谱柱。

聚乙烯吡咯烷酮(PVP),医药行业称之为聚维酮,它是由 N-乙烯-2-吡咯烷酮(即 NVP)单体催化聚合生成的水溶性聚合物。其中 PVP K30 因具有黏合、增稠、助悬、分散、助溶、成膜等作用,于 2000 年开始被收载于《中国药典》,是当前应用最广的药用辅料之一;共聚维酮由乙烯吡咯烷酮与醋酸乙烯酯共聚制得,共聚时因两者用量及聚合条件不同可得到多种不同型号和规格的品种,其中 PVP-VA$_{64}$ 因具有不吸潮等特点被广泛用作黏合剂、成膜材料、包衣材料、缓释材料以及药物释放给药系统类型和制剂的载体材料等。在 2005 年版《中国药典》中 PVP K30 中残留单体 NVP 的含量测定方法为滴定法,但该方法在残留单体 NVP 含量较低或含有其他双键单体时灵敏度低、准确性差。而本方法采用气相色谱法(氢火焰离子化检测器)使 PVP 树脂中残余单体得到较好分离,灵敏度高、重现性好,能够定量检测残余单体含量,应用于 PVP 树脂的科研与生产中,取得满意效果。

三、仪器与试剂

1. 仪器:瓦里安气相色谱仪(CP3800,配有氢火焰离子化检测器);微量注射器:10μL;容量瓶,若干;移液管,若干。
2. 试剂:N-乙烯-2-吡咯烷酮(NVP)、α-吡咯烷酮(2-P)、辛基吡咯烷酮、PVP K30、PVP VA64、无水乙醇、无水乙醚、丙酮。

四、实验步骤

1.溶液的配制：

取 1.0000g 辛基吡咯烷酮溶于 1000mL 丙酮中,制备内标使用液。以内标使用液为溶剂,分别配制浓度为 5.0mg/L、10.0mg/L、20.0mg/L、60.0mg/L、120mg/L、250mg/L、500mg/L 的 NVP 和 2-P 残留单体溶液。

2.PVP K30 和 PVP VA64 样品中残留单体的提取：

取 0.1g 样品,用 0.5mL 无水乙醇溶解,然后加入 15mL 无水乙醚沉淀,离心(12000r/min)5min,提取液置于 40℃水浴中蒸发尽乙醚,然后用内标使用液定容至 5mL。离心后的固体再重复测定萃取单体一次,测定其中单体含量。

3.气相色谱的测定：

(1)色谱条件的设置。载气(N_2)流速:28mL/min;燃气(H_2)流速:30mL/min;助燃气(空气)流速:300mL/min;汽化室温度:260℃;检测器温度:280℃;柱温:150℃保留 2min,然后升温至 280℃;升温速率:30℃/min。

(2)测定。待仪器稳定后,分别吸取 1μL 标准样品和待测样品注入汽化室,记录色谱图和色谱数据。

五、数据处理

1.采用内标法画出 NVP 和 2-P 的标准曲线。

2.分别采用归一法和内标法计算 PVP K30 和 PVP VA64 样品中残留单体的含量。

六、思考题

1.色谱分离的应用前景如何? 色谱定量分析方法还有哪些?

2.配制混合标准溶液时为什么要准确称量? 测量校正因子时是否要严格控制进量?

3.归一化法定量分析时对样品的进样量有何要求?

4.简述高分子溶解的原理。

七、参考文献

[1]杨秀德,邱湘龙,贾毅,等.气相色谱法测定 PVP K30 和 PVP VA64 中单体 NVP 和 2-P 的残留量[J].中国药业,2010,19(12):34-36.

实验 8　高效液相色谱法测定邻苯二甲酸酯类增塑剂

一、实验目的

1. 了解高效液相色谱法的原理。
2. 学习高效液相色谱仪的基本操作方法。
3. 学习高效液相色谱仪测定邻苯二甲酸酯类增塑剂的数据处理方法。

二、实验原理

高效液相色谱法(High Performance Liquid Chromatography, HPLC)是色谱法的一个重要分支,以液体为流动相,采用高压输液系统,将具有不同极性的单一溶剂或不同比例的混合溶剂、缓冲液等流动相泵装入有固定相的色谱柱,在柱内各成分被分离后,进入检测器进行检测,从而实现对试样的分析。高效液相色谱法有"四高一广"的特点:高压、高速、高效、高灵敏度和应用范围广。该方法已成为化学、医学、农学、商检和法检等学科领域中重要的分离分析技术。

在高效液相色谱中,若采用非极性固定相(如十八烷基键合相),极性流动相,即构成反相色谱分离系统;反之,则称为正相色谱分离系统。反相色谱分离系统所使用的流动相成本较低,应用也更为广泛。

定量分析时,为便于准确测量,要求定量峰与其他峰或内标峰之间有较好的分离度。分离度(R)的计算公式为:

$$R = \frac{2[t(R_2) - t(R_1)]}{1.7(W_1 + W_2)} \tag{8-1}$$

式中:$t(R_2)$为相邻两峰中后一峰的保留时间;$t(R_1)$为相邻两峰中前一峰的保留时间;W_1、W_2分别为此相邻两峰的半峰宽。除另外有规定外,分离度应大于1.5。

本实验对象为邻苯二甲酸酯,又称酞酸酯,缩写 PAE,常被用作塑料增塑剂。它被普遍应用于玩具、食品包装材料、医用血袋和胶管、乙烯地板和壁纸、清洁剂、润滑油、个人护理用品(如指甲油、头发喷雾剂、香皂和洗发液)等数百种产品中。但研究表明,邻苯二甲酸酯在人体和动物体内发挥着类似雌性激素的作用,是一类内分泌干扰物,同时也有一定的致癌作用,因此需严格控制其含量。

三、仪器与试剂

1. 仪器:岛津高效液相色谱仪、50 μL 微量注射器、容量瓶。
2. 试剂:邻苯二甲酸二甲酯(DMP)、邻苯二甲酸二乙酯(DEP)、邻苯二甲酸二丁酯

(DBP)、邻苯二甲酸二异辛酯(DIOP)均为分析纯试剂,甲醇、乙醇为色谱纯,所用水为二次蒸馏水。

四、实验步骤

1. 色谱条件的设置。色谱柱:Nucleosil-C18,416mm×250mm,5μm;流动相:甲醇-水体系;流速:1.0mL/min;检测波长:225nm;进样量:5μL。

2. 标准曲线的制备。准确称取邻苯二甲酸二丁酯(DBP)100mg 溶于 10mL 甲醇,用容量瓶配成质量浓度为 1.00×10^4 mg/L 的标准液,再逐级用甲醇在容量瓶中稀释至不同的浓度,备用。

用同样的方法配制 DMP、DEP、DIOP 的标准液系列。

3. 塑料样品前处理。

准确称取 0.50g 塑料食品包装袋,剪成碎片放入具塞锥形瓶中,加入无水乙醇,放置 24h,超声提取,然后水浴蒸发浓缩至 10.00mL,提取液用 0.45μm 有机相滤膜过滤,进行 HPLC 分析。

4. 测定。待仪器稳定后,分别吸取 50μL 标准样品和待测样品溶液,记录色谱图和色谱数据。计算增塑剂含量。

五、思考题

1. 分析实验结束后,怎样清洗柱子？分为两种情况,第一种情况为流动相用缓冲溶液,第二种情况为流动相不用缓冲溶液。

2. 流动相在使用前为什么要用砂芯漏斗过滤？

六、参考文献

[1]贾丽,夏敏,陈惠. 塑料中邻苯二甲酸酯类化合物的高效液相色谱分析[J]. 化学通报, 2005,68(12):947-949.

[2]李波平,林勤保,宋欢,等. 快速溶剂萃取-高效液相色谱测定塑料中邻苯二甲酸酯类化合物[J]. 应用化学,2008,25(1):64-66.

实验 9 高分子材料中残留甲醛的高效液相色谱分析

一、实验目的

1. 熟悉高效液相色谱仪的结构和工作原理。
2. 学习高效液相色谱法测定甲醛的方法。
3. 掌握高效液相色谱仪的操作技能。

二、实验原理

水性酚醛树脂、三聚氰胺甲醛树脂(也称蜜胺树脂)用途广泛,可用在电气绝缘材料、层压板、胶黏剂、胶木压塑料、高档家具的表面油漆、金属防锈涂层及水基聚合物凝胶交联剂等方面。树脂中残留的游离甲醛不仅对环境造成污染,而且严重影响树脂的使用性能,所以测定树脂中的甲醛含量具有十分重要的意义。

树脂中残留甲醛的测定方法主要有盐酸羟胺滴定法、乙酰丙酮衍生物分光光度法、二硝基苯肼分光光度法、气相色谱法及液相色谱法等。甲醛在非极性固定相上的保留时间较短,常用的溶剂(如水、甲醇、乙腈等)对其干扰很大,在实际应用中受到很大限制。分光光度法灵敏度较低,最低检出浓度为 0.25mg/L,仅适用于较高浓度甲醛的测定,而且某些含甲醛的胶黏剂蒸馏液易混浊,用分光光度计检测时发生散射光折射现象,所测的吸光度因为背景信号抬高,易产生假阳性结果。以上方法对褐色酚醛树脂也不适用。因此,在处理样品时必须慎重选择溶剂,并选择最佳的液相色谱条件将树脂成分同甲醛完全分离,才能进行准确定量。

本实验采用衍生剂 2,4-二硝基苯肼与甲醛进行衍生化反应,生成的甲醛衍生物 2,4-二硝基苯腙有很强的紫外吸收性,提高了检测灵敏度,并且选择最佳的液相色谱条件将树脂成分同甲醛很好地分离,使测定树脂中的甲醛含量成为可能,并为该类物质的质量控制提供了可靠的分析手段和技术保证。

三、仪器与试剂

1. 仪器:安捷伦高效液相色谱仪(配二极管阵列检测器)、50μL 微量注射器、超声波清洗器、旋涡混合器(迷你振荡器)、离心机、容量瓶、移液管、水浴装置。

2. 试剂:乙腈为色谱纯,水为超纯水,指示剂和其余试剂均为分析纯。2,4-二硝基苯肼(DNPH)在使用前用乙腈重结晶 3 次,以除去其中存在的甲醛-DNPH 杂质。

称取 0.75g 2,4-二硝基苯肼于 250mL 容量瓶中,用乙腈溶解并定容至刻度线,制成 0.3% 的溶液。

甲醛标准储备液的制备:移取 3.8mL 甲醛溶液(质量分数为 36%~38%)于 1000mL

容量瓶中,用水定容至刻度线,得到的浓度大约为 $1500\mu g/mL$,按附录进行标定后,成为标准储备液。

甲醛标准工作溶液的制备:用移液管精确移取 2.5mL 甲醛标准储备液于 250mL 容量瓶中,加水定容至刻度线,得到的浓度大约为 $15.0\mu g/mL$,用于配制后面所需的不同浓度的标准系列溶液。临用时新鲜配制。

四、实验部分

(一)甲醛的提取

样品加纯净水后,在超声波作用下提取树脂中的游离甲醛,该法方便、快捷。超声时间对萃取效率有影响,测得的甲醛含量随着超声时间的延长而增加,超声作用 20min 后测得的甲醛含量可达到平衡。为了保证所有被测甲醛萃取完全,选择样品提取超声时间为 30min。

衍生剂 2,4-二硝基苯肼的用量不宜过大,过大会增加色谱柱的负荷,并易在液相色谱柱中形成结晶而阻塞柱子;用量过小又不能使甲醛完全反应衍生化。因此,其用量应控制在一定范围内。

选取 $15\mu g/mL$ 的甲醛标准溶液,加入 0.3% 的 2,4-二硝基苯肼衍生液,固定水浴中的衍生化反应时间为 1h,衍生化反应温度为 60℃,所测得的甲醛浓度随着衍生剂用量的增加而增加,衍生剂加入到 3.0mL 时达到平衡。为了保证甲醛的衍生化反应完全,选择衍生剂用量为 4.0mL。

选取浓度为 $15\mu g/mL$ 的甲醛标准工作溶液,加入 4.0mL 0.3% 的 2,4-二硝基苯肼衍生液,于 60℃ 水浴中进行衍生化反应,所测得的甲醛浓度会随着衍生化反应时间的增加而增加,40min 后达到平衡。为了保证衍生化反应完全,选择衍生化反应的时间为 45min。

(二)高效液相色谱法测定样品中游离甲醛含量

称取 1.0000g 已均质好的样品(精确到 0.0002g),置于 25mL 带塞的比色管中,用水稀释至刻度线。在旋涡混合器上混匀后,超声波萃取 30min,转移至 25mL 带塞离心管中,以 4000r/min 的速度离心 8min。

用移液管准确移取 5.00mL 样品的上清液或标准溶液于 10mL 带塞比色管中,依次准确加入 4.00mL 0.3% 的 2,4-二硝基苯肼溶液、1.00mL 乙腈,塞紧塞子,混匀。在 60℃ 水浴中加热 45min,取出后用流水快速冷却至室温。

衍生液经 $0.45\mu m$ 有机滤膜过滤后用高效液相色谱仪测定,利用甲醛衍生物的保留时间和紫外光谱定性,采用外标法进行定量分析。

由于被分析物均为非极性物质,故选择非极性的 C18 柱子作为分析柱(带保护柱子),采用等度洗脱使未完全反应的衍生剂和衍生产物得到良好分离。

根据甲醛衍生产物(2,4-二硝基苯腙)的紫外吸收光谱,选择检测波长为 360nm。

液相色谱仪参数的设置。色谱柱:C18 柱(带保护柱子),$250mm\times4.6mm\times5\mu m$;流动相:$V_水:V_{乙腈}=40:60$;流速:1.0mL/min;柱温:35℃;进样量:$10\mu L$;扫描范围:$220\sim450nm$;检测波长:360nm。当乙腈比率达 30%~70% 时,衍生产物有较高的灵敏度,其工作曲线也显示出良好的线性关系,故选定比率为 60%。

(三)工作曲线的线性范围和检出限

用移液管分别精确移取 0、1.00mL、2.00mL、5.00mL、10.00mL、20.00mL、50.00mL 的甲醛标准工作溶液（15.0μg/mL）到 100mL 容量瓶中，配制成 0、0.15μg/mL、0.30μg/mL、0.75μg/mL、1.5μg/mL、3.0μg/mL、7.5μg/mL 的甲醛标准工作溶液系列，连同浓度为 15.0μg/mL 的标准工作溶液，按上述衍生化反应的方法处理后，用高效液相色谱仪测定色谱图，求取线性回归方程 $y=ax+b$ 和回归系数。配制标准样品的浓度范围要依据实际待测样品中游离甲醛的含量而定。

在不含甲醛的样品本底中添加一定量的甲醛标准液进行测定，按 10 倍信噪比（S/N）计算出甲醛的检出限为_____μg/mL。

(四)回收率和精密度实验

选择已测定甲醛浓度的水性白乳胶、溶剂型氯丁胶、蜜胺树脂等，各自分别添加三种不同含量的甲醛标准样，经实际提取并用高效液相色谱仪测试回收率（每种实验样本数 $n=5$）。

同一样品从萃取到测定，全过程重复 5 次以上，并对实验测试结果计算精密度。

五、思考题

1. 请分析 HPLC 法比其他方法测量甲醛的优点。

2. 酚醛树脂（或三聚氰胺甲醛树脂）材料的几何尺寸如何影响提取效果？超声提取、衍生化的条件（时间、温度）如何影响回收率和精密度？

六、参考文献

[1] 刘秀玲，张武畏，隋国红，等. 高效液相色谱法测定水性酚醛树脂中残留的甲醛和苯酚
 [J]. 色谱，2007，25(4)：562-564.

[2] 陈玲，陈皓，仇雁翎. 高分子复合材料中残余甲醛的萃取及高效液相色谱分析[J]. 色谱，
 2001，19(5)：467-469.

[3] 赖莺，董清木，王鸿辉，等. 高效液相色谱法测定胶粘剂中的游离甲醛[J]. 广州化学，
 2009，34(1)：46-49.

[4] 中华人民共和国国家质量监督检验检疫点局，中国国家标准化管理委员会. 纺织品　甲
 醛的测定　第 3 部分：高效液相色谱法(GB/T 2912.3—2009)[S].

附录1：

甲醛原液浓度的标定——亚硫酸钠法

为了在分析中做出一条精确的工作曲线，下文将介绍针对含量约 1500μg/mL 的甲醛标准储备液应进行精确标定的亚硫酸钠法。

一、原理

甲醛标准储备液与过量的亚硫酸钠反应,用标准酸液在百里酚酞指示下进行反滴定。

二、仪器与试剂

1. 仪器:10mL 单标移液管、50mL 单标移液管、50mL 滴定管、150mL 三角瓶。

2. 试剂:

(1)亚硫酸钠溶液(0.1mol/L):称取 126g 无水亚硫酸钠放入 1L 容量瓶中,用水稀释至刻度线,摇匀。

(2)百里酚酞指示剂:将 1g 百里酚酞溶解于 100mL 乙醇溶液中。

(3)硫酸溶液(0.01mol/L):可以从化学品供应公司购得或用标准氢氧化钠溶液标定。

三、实验步骤

1. 移取 50mL 亚硫酸钠溶液(0.10mol/L)至 150mL 三角瓶中,加百里酚酞指示剂 2 滴,如需要,加几滴硫酸溶液(0.01mol/L)直至蓝色消失。

2. 移取 10mL 甲醛标准储备液至 150mL 三角瓶中(蓝色将再出现),用硫酸溶液(0.01mol/L)滴定至蓝色消失,记录硫酸溶液用量。

注:硫酸溶液的体积约 25mL。

上述操作步骤重复进行一次。

四、数据处理

用下式计算原标准储备液中的甲醛浓度:

$$c = \frac{V_1 \times 0.6 \times 1000}{V_2} \tag{1}$$

式中:c 为甲醛标准储备液中的甲醛浓度,$\mu g/mL$;V_1 为硫酸溶液用量,mL;V_2 为甲醛溶液用量,mL;0.6 为与 1mL 0.01mol/L 硫酸相当的甲醛的质量,mg。

计算两次结果的平均值,并根据式(1)得出的浓度做出分析的工作曲线。

附录2:

甲醛标准储备液浓度的标定——碘量法

为了在分析中做出一条精确的工作曲线,下文将介绍针对含量约 $1500\mu g/mL$ 的甲醛标准储备液应进行精确标定的碘量法。

一、原理

甲醛标准储备液与过量的碘溶液反应,用标准 $Na_2S_2O_3$ 在淀粉指示剂下进行反滴定。

二、仪器与试剂

1. 仪器：5mL、10mL、20mL、50mL 单标移液管，50mL 滴定管，250mL 碘量瓶和有塞三角瓶，500mL、1L 容量瓶。

2. 试剂：

(1)碘液(0.1mol/L)：将 13g 碘及 30g 碘化钾(KI)放入 1L 棕色容量瓶中，用水稀释至刻度线，摇匀，储存在暗处。

(2)氢氧化钠(NaOH)溶液(1.0mol/L)。

(3)硫酸(H_2SO_4)溶液(0.5mol/L)。

(4)淀粉指示剂：将 0.5g 可溶性淀粉溶于 100mL 水中，煮沸 2min，使用前配制。

(5)硫代硫酸钠($Na_2S_2O_3$)溶液(0.1mol/L)：称取 25g $Na_2S_2O_3 \cdot H_2O$ 或 16g 无水 $Na_2S_2O_3$ 溶于 1L 新煮沸并冷却的、加有 0.1g 无水碳酸钠的水中，搅拌、溶解，放入棕色瓶中保存。

注：硫代硫酸钠($Na_2S_2O_3$)溶液的标定方法如下：将重铬酸钾放在 120～125℃ 烘箱内 1h，冷却后称取 0.15g(精确至 0.0001g)，置于 250mL 碘量瓶中，加水 25mL，加 2g KI 及 20mL 硫酸溶液(20%)，充分摇匀，塞住瓶塞，在暗处静置 10min，使碘充分析出。加水 100mL 稀释摇匀，用配好的 $Na_2S_2O_3$ 溶液(0.1mol/L)滴至溶液呈淡黄色时，加 0.5% 淀粉溶液 3mL，继续用 $Na_2S_2O_3$ 溶液滴定至蓝色变为绿色为止。

用下式计算硫代硫酸钠的浓度：

$$c_1 = \frac{m \times 1000}{V \times 49.03} \tag{2}$$

式中：c_1 为 $Na_2S_2O_3$ 的浓度，mol/L；m 为校准剂(重铬酸钾)的质量，g；V 为所耗被校准液 ($Na_2S_2O_3$)的体积，mL；49.03 为校准剂(重铬酸钾)的摩尔质量 $M\left(\frac{1}{6}K_2Cr_2O_7\right)$，g/mol。

三、实验步骤

1. 移取甲醛标准储备溶液 10mL 加入到 250mL 碘量瓶中，准确加入 25mL 碘液(0.1mol/L)，加 10mL NaOH 溶液(1.0mol/L)，盖上瓶盖于暗处放置 15min，同时用蒸馏水作空白。

2. 加入 H_2SO_4 溶液(0.5mol/L)15mL，用 $Na_2S_2O_3$ 溶液滴定成黄色，加入数滴淀粉指示剂，继续滴定到蓝色褪去。

上述操作步骤重复一次。

四、数据处理

用下式计算标准储备液中甲醛浓度：

$$c = \frac{(V_B - V_S) \times c_1 \times 0.015}{V} \times 10^6 \tag{3}$$

式中：c 为甲醛标准储备液中的甲醛浓度，$\mu g/mL$；V_B 为空白 $Na_2S_2O_3$ 溶液用量，mL；V_S 为 $Na_2S_2O_3$ 溶液用量，mL；c_1 为 $Na_2S_2O_3$ 标准溶液浓度，mol/L；0.015 为与 1mL $Na_2S_2O_3$($c=1.000mol/L$)标准溶液相当的甲醛的质量，g；V 为甲醛溶液用量，mL。

计算两次结果的平均值，并根据式(3)得出的浓度做出分析的工作曲线。

实验 10　气相色谱法测定热固性高分子中残留单体含量

一、实验目的

1. 掌握气相色谱分离常见碳氢化合物的基本原理。
2. 进一步学习热固性高分子中残留单体的测试方法。
3. 学习气相色谱法测定含量的数据处理方法。

二、实验原理

气相色谱的流动相为惰性气体,气-固色谱法中以表面积大且具有一定活性的吸附剂作为固定相。当多组分的混合样品进入色谱柱后,由于吸附剂对每个组分的吸附力不同,经过一定时间后,各组分在色谱柱中的运行速度也就不同。吸附力弱的组分容易被解吸下来,最先离开色谱柱进入检测器,而吸附力最强的组分最不容易被解吸下来,因此最后离开色谱柱。如此,各组分得以在色谱柱中彼此分离,按顺序进入检测器中被检测、记录下来。

在这种吸附色谱中常用流出曲线来描述样品中各组分的浓度。也就是说,让分离后的各组分谱带的浓度变化信号转变成电信号的变化,然后将电信号的变化输入记录器并记录下来。

三、仪器与试剂

1. 仪器:安捷伦 7890A 气相色谱系统,配备 FID 检测器。载气:氮气,纯度≥99.8%;燃气:氢气,纯度≥99.8%;助燃气:空气。

2. 试剂:乙酸丁酯、甲基丙烯酸甲酯(MMA)、丙烯酸丁酯(BA)、苯乙烯(St)、丙烯酸-β-羟丙酯(HPA)、丙烯酸(AA)均为分析纯,苯乙烯-二乙烯基苯交联树脂。

四、实验步骤

1. 稀释样品:精确称取苯乙烯-二乙烯基苯交联树脂样品 1g 左右(精确至 0.0002g)于配样瓶中,再称取 4g 左右乙酸丁酯,使样品完全溶解在乙酸丁酯中,备用。

2. 标准样品的配制:用移液管取 5mL 乙酸丁酯于配样瓶中,再用微量注射器按表 10-1 所示的体积数将分析纯的甲基丙烯酸甲酯、丙烯酸丁酯、苯乙烯、丙烯酸-β-羟丙酯、丙烯酸加入到配样瓶中,精确称取所有化合物的总质量为 4.413g,并充分摇匀(此标准样品当天配制)。

表 10-1　配制标准样品的浓度和用量

试样中标准物质名称	标准物质的体积/μL	试样中标准物质浓度/g·kg^{-1}
甲基丙烯酸甲酯(MMA)	5	1.065
丙烯酸丁酯(BA)	5	1.017
苯乙烯(St)	5	1.030
丙烯酸-β-羟丙酯(HPA)	10	2.502
丙烯酸(AA)	10	2.384

3. 色谱条件的设置：载气(N_2)流速：15mL/min；燃气(H_2)流速：60mL/min；助燃气(空气)流速：400mL/min；汽化室温度：200℃；检测器温度：200℃；柱温：120℃(15min)，180℃(20min)；升温速率：30℃/min。

4. 待仪器稳定后，吸取 1μL 标准样品注入汽化室，记录色谱图和色谱数据。在同样条件下，吸取 1μL 稀释后的交联聚合物样品注入汽化室，记录色谱图和色谱数据。用外标法计算数据。

五、数据处理

1. 记录实验条件：仪器型号、校正因子、保留时间、色谱峰面积。
2. 记录实验结果。

六、思考题

1. 简述气相色谱的基本原理。
2. 简述标准曲线法和内标法对溶液中单体含量的定性、定量分析的原理。
3. 气相色谱仪的主要结构含有哪些部分？
4. 从实际聚合角度出发来解释，高分子中为什么存在残留单体或低聚物？

实验 11　凝胶渗透色谱法测定聚合物分子量和分子量分布

一、实验目的

1. 了解凝胶渗透色谱的测量原理。

2. 初步掌握样品的进样、淋洗、检测等操作技术。

3. 掌握分子量分布曲线的分析方法,得到样品的数均分子量、重均分子量和多分散性指数。

二、实验原理

凝胶渗透色谱法(Gel Permeation Chromatography,GPC)是 20 世纪 60 年代发展起来的一种新型色谱技术,是色谱技术中最新的分离技术之一。它是一种利用聚合物溶液通过填充有特种凝胶(多孔性填料)的色谱柱进而把聚合物分子按尺寸大小进行分离的测量方法。

GPC 色谱柱装填的是多孔性凝胶(如最常用的高度交联聚苯乙烯凝胶)或多孔微球(如多孔硅胶和多孔玻璃球),它们的孔径大小有一定的分布,并与待分离的聚合物分子尺寸可相比拟。GPC 的基本结构和测试过程如图 11-1 所示。

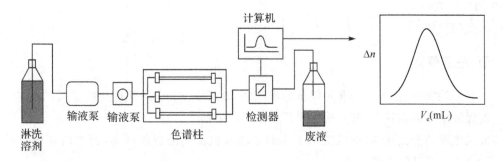

图 11-1　GPC 的基本结构和测试过程

被分析的样品随着淋洗溶剂(流动相)进入色谱柱后,体积很大的分子不能渗透到凝胶(固定相)孔穴中而受到排阻,最先流出色谱柱;中等体积的分子可以渗透到凝胶的一些大孔中,但不能进入小孔,产生部分渗透作用,比体积大的分子流出色谱柱的时间稍晚;较小体积的分子能全部渗入凝胶内部的孔穴中,而最后流出色谱柱。因此,聚合物的淋出体积与高分子的体积即分子量的大小有关,分子量越大,淋出体积(V_e)越小。分离后的高分子按分子量从大到小被连续地淋洗出色谱柱并进入浓度检测器。其中 V_e 和聚合物分子量的关系可以通过以下公式进行表达:

$$\lg M = A - BV_e \qquad (11\text{-}1)$$

式中：A、B 为与聚合物、溶剂、温度、填料及仪器有关的常数。

三、仪器与试剂

1. 仪器：Waters Acquity APC 凝胶渗透色谱仪。

2. 试剂：当待测的未知样品为宽分布的聚苯乙烯（或者聚甲基丙烯酸甲酯）时，淋洗溶剂采用色谱纯的四氢呋喃，标准样品采用窄分布的聚甲基丙烯酸甲酯一个系列。当待测的未知样品为宽分布的水溶性聚乙二醇时，淋洗溶剂采用经过超声波处理过和过滤后的纯净水，标准样品采用窄分布的普卢兰多糖（Pullulan）一个系列。

四、实验步骤

1. 打开仪器电源和电脑，登陆 Empower3（用户名：System，密码：Manager），选择运行样品。

2. 创建方法组；建立校准曲线（如没有，需要利用标准样品建立校准曲线）。

3. ISM，FTN 灌注，缓慢提升流速，清洗折光指数（RI）检测器 20min 以上。

4. 假如测试聚乙二醇样品，样品用纯净水溶解后再用适合水相的滤膜过滤。假如测试聚苯乙烯（或者聚甲基丙烯酸甲酯），样品用四氢呋喃（浓度 0.2mg/mL）溶解，并用 $0.45\mu m$ 微孔滤膜过滤。

5. 样品放入样品板上，在软件上输入样品在样品板上的位置。

6. 点击运行单个样品。

7. 数据处理，记录数均分子量 M_n、重均分子量 M_w、平均分子量 M_z 和多分散指数 PDI，其中 PDI$=M_w/M_n$。

8. 关闭仪器。

五、注意事项

1. 样品检测前，检查是否有足够量的洗脱液，废液瓶是否有足够的接收空间。

2. 保证溶剂的相容性，并且避免采用腐蚀性的溶剂。

3. 用含氟的微孔滤膜（有机相 $0.45\mu m$）过滤有机溶剂配制的样品，而水溶液样品需要采用适合水相样品的滤膜过滤。

4. 开机后一定要等基线稳定后才可测量。

六、思考题

1. GPC 的分离机理和气相色谱的分离机理有什么不同？

2. 温度、溶剂的优劣对高分子聚合物色谱图的位置有什么影响？

3. 同样分子量大小的支化分子和线性分子哪个先流出色谱柱？

**离子选择电极法测定聚丙烯酸钠
对钙离子的结合能力**

一、实验目的

1. 掌握应用离子选择电极法分析测定聚丙烯酸钠对钙离子的结合能力的原理。
2. 了解电化学方法在高分子仪器分析中的应用。
3. 掌握直接电位法的测量方法。

二、实验背景

聚丙烯酸钠作为一类高分子材料,在诸多领域中都有着广泛的应用。例如,聚丙烯酸钠可作为高性能减水剂,在水泥混凝土中起分散作用,用于公路、桥梁、大坝、隧道、高层建筑等工程施工;也可作为高效能阻垢分散剂,对水中的磷酸钙垢、碳酸钙垢等成垢盐类和无机矿物质起到良好的分散作用,用于循环冷却水和锅炉水阻垢剂。在洗涤剂当中,聚丙烯酸钠可以作为洗涤助剂与水中硬度离子进行结合,降低水硬度,以保证阴离子表面活性剂的洗涤作用,从而提高洗涤剂的去污能力。聚丙烯酸钠作为洗涤助剂使用,可以替代含磷助剂,避免含磷废水向自然水域的排放,从而降低江河湖泊的富营养化。因此,研究聚丙烯酸钠对硬度离子的结合能力具有一定的科学意义与应用价值。

测定 Ca^{2+} 的结合量可采用的方法有光度法、EDTA 络合滴定法和离子选择电极法等,其中离子选择电极法简便、快速,能记录 Ca^{2+} 浓度的瞬时性变化,可连续测定,反映助剂与硬度离子结合的动态过程,此方法的应用在文献中已多有报道。本实验选用离子选择电极法测定聚丙烯酸钠对钙离子的结合能力。

钙离子选择电极法是测定样品中钙离子含量的一种有效方法,钙离子选择电极也常应用于在线仪器,如工业在线钙离子含量的监测,其中电厂和蒸汽动力厂高压蒸汽锅给水处理中的钙离子测定就采用钙离子选择性电极法。同时钙离子选择性电极法在矿泉水、饮用水、地表水、海水中的钙离子浓度检测,以及部分农产品与生物样品中的钙离子浓度的检测中都有广泛应用。

三、实验原理

离子选择电极,又称膜电极,是一类利用膜电位测定溶液中离子活度或浓度的电化学传感器,能对溶液中某特定离子产生选择性响应的电极,可作为测定某种特定离子活度或浓度的指示电极,其构造如图 12-1 所示。离子选择电极具有将溶液中某种特定离子的活度转化成一定电位的能力,其电位与溶液中给定离子的活度的对数呈线性关系。离子选择电极的核心部件是电极尖端的感应膜。离子选择电极法是电位分析法的分支,一般用于直接电位法,也可用于电位滴定。该法的特点是：①测定的是溶液中特定离子的活度而不是总浓度；②使用简便、迅速，应用范围广，尤其适用于对碱金属、硝酸根离子等的测定；③不受试液颜色、浊度等的影响。本实验选用离子选择电极法测定聚丙烯酸钠对钙离子的结合能力。

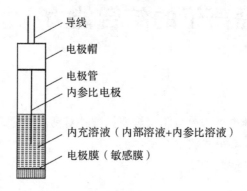

图 12-1　离子选择电极的构造

离子选择电极的构造主要包括：

电极腔体（电极管）——由玻璃或高分子聚合物材料做成。

内参比电极——通常为 Ag/AgCl 电极。

内参比溶液——由氯化物及响应离子的强电解质溶液组成。

敏感膜——对离子具有高选择性的响应膜。

离子选择电极的工作原理：电极膜浸入外部溶液时，膜内外有选择性响应离子，通过交换和扩散作用在膜两侧形成双电层，达平衡后即形成稳定的膜电位。

本实验中采用的电化学分析方法为直接电位法，是电位分析法的一种。直接电位法是选择合适的离子选择电极与参比电极，浸入待测溶液中组成原电池，测量原电池的电动势，利用电池电动势与被测组分活（浓）度之间的函数关系，直接求出待测组分活（浓）度的方法。

离子选择电极的电位只与待测溶液中有关离子的活度或浓度有关，并符合 Nernst 关系式：

$$E_x = E_0 + \frac{2.303RT}{nF} \lg f_x C_x \tag{12-1}$$

式中：E_x 为待测电势，V；E_0 为标准电极电势，V；R 为气体常数，$R = 8.314 \text{J}/(\text{K} \cdot \text{mol})$；$T$ 为绝对温度，K；F 为法拉第常数；f_x 为活度系数；C_x 为浓度，mol/L。

本实验中，以钙离子选择电极为响应电极，以饱和甘汞电极为参比电极，采用直接电位法测量计算待测溶液中的钙离子含量，以此定量判断聚丙烯酸钠对钙离子的结合能力。

$$E_{ISE} = K \pm \frac{2.303RT}{nF} \lg a_i = K' \pm \frac{2.303RT}{nF} \lg C_i \tag{12-2}$$

$$E = E_{SCE} - E_{ISE} = E_{SCE} - K' \mp \frac{2.303RT}{nF} \lg C_i = K'' \mp \frac{2.303RT}{nF} \lg C_i \tag{12-3}$$

式中：E_{ISE} 为离子选择电极的电极电势；K 为活度电极常数；a_i 为活度；K' 为浓度电极常数；C_i 为浓度；E 为体系所测得的电极电势（相比于参比电极的电极电势）；E_{SCE} 为参比电极（甘汞电极）电势；K'' 为常数，$K'' = E_{SCE} - K'$。

注意：阳离子取"—"号；阴离子取"＋"号，本实验中 Ca^{2+} 为阳离子取"—"号。

由于式(12-3)表明 E 和 lgC_i 之间有线性关系,因此,本实验可采用标准曲线法,配制不同浓度的含钙离子的标准溶液,并分别与选定的钙离子选择电极和参比电极组成化学电池,测定其电动势,绘制 $E—lgC_i$ 曲线;在相同条件下测定由待测试样溶液和电极组成的电池的电动势,并从标准曲线上求出待测溶液中的钙离子浓度,以此来获得钙离子结合率。

$$钙离子结合率=\frac{钙离子初始浓度-平衡时钙离子浓度}{钙离子初始浓度}\times100\% \tag{12-4}$$

四、仪器与试剂

1. 仪器:离子计(可以 mV 模式 pH 计代替);钙离子选择电极,上海雷磁 PCa-1;参比电极,甘汞电极 232 型,上海雷磁;恒温水浴;50mL 恒温电解池;磁子;搅拌器;50mL 容量瓶,8 个;1mL 移液管,若干支。

2. 试剂:无水氯化钙,分析纯,配置成 1mol/L 的溶液;聚丙烯酸钠,水溶液,质量分数待定;实验用水均为蒸馏水。

五、实验方案

1. 标准曲线的绘制。

用逐级稀释法配制一系列浓度为 $1.00\times10^{-6}\sim1.00\times10^{-1}mol/L$ 的 $CaCl_2$ 标准溶液;将配制好的溶液倒入恒温电解池中,插入钙离子选择电极和参比电极,在一定的搅拌速度和温度下测定各浓度 $CaCl_2$ 溶液的电位值,得到离子选择电极的 $E—lgC_{Ca^{2+}}$ 标准曲线。

2. 聚丙烯酸钙结合率的测定。

在恒温电解池中加入 50mL 初始浓度为 $1.00\times10^{-3}mol/L$ 的 $CaCl_2$ 溶液,插入电极,在与测定标准曲线时相同温度和搅拌速度下测定其平衡电位,然后分三次加入不同量的聚丙烯酸钠溶液,记录不同浓度聚丙烯酸钠加入时的平衡电位。根据标准曲线计算溶液中游离钙离子的浓度,并计算钙离子的结合率,考察钙离子浓度在加入聚丙烯酸钠后钙离子结合率随聚丙烯酸钠浓度的变化情况。

六、思考题

1. 哪些因素会导致标准曲线的线性变差?
2. 思考读数时电位不稳定的原因。
3. 思考共存干扰离子(如铅离子、铜离子等)对离子选择电极的影响。
4. 思考不同分子量的聚丙烯酸钠对离子结合率可能产生的影响。
5. 当溶液的离子强度变化时,如存在不同浓度的 KCl,对钙离子的测量有何影响?
6. 本方法的灵敏度和检测极限受哪些因素制约?

七、参考文献

[1]陈志萍,陆用海,陈丽.离子选择电极法测定聚羧酸盐的钙结合能力[J].山西化工,2005,25(2),29-31.

实验 13　循环伏安法合成聚苯胺

一、实验目的

1. 了解循环伏安法的原理及其在合成高分子材料中的重要作用。
2. 掌握聚苯胺等重要高分子材料的聚合原理及常用合成方法。
3. 了解苯胺聚合速率的影响因素。

二、实验原理

聚苯胺(Polyaniline, PANI)是一种导电能力较强的聚合物,由于具有多样的结构、独特的掺杂机制、良好的稳定性以及单体价廉易得、合成简单等优点,被认为是最有应用前景的一种导电高分子材料。之所以将 PANI 的电化学合成引入大学生实验课堂,一方面是因为,PANI 的电化学合成简单易行,在实验课的一次时间单元中就可以完成;另一方面是因为,电化学聚合得到的 PANI 膜会随着外加电压的变化而发生颜色变化,在给学生有趣的感性知识的同时,还可以有助于其了解导电聚合物的基本性质。

因此,本实验采用循环伏安法,设计并完成 PANI 的电化学合成,并研究苯胺浓度、质子酸浓度、质子酸种类对苯胺电化学聚合的影响。

苯胺的电化学聚合机理：

$$PA（似氢醌式）\xrightleftharpoons{0.2V} PA（似半氢醌式）+H^++e$$

$$PA（似半氢醌式）\xrightleftharpoons{0.8V} PA（似醌式）+H^++e$$

（Ⅰ）　　　　　　　　　　　　　　　　　（Ⅱ）

（Ⅲ）

三、仪器与试剂

1.仪器：电化学仪器为上海辰华 CHI660B 电化学工作站。电化学测试实验采用三电极体系，工作电极为环氧树脂涂封的光谱纯圆柱形石墨棒（$d=8mm$，上海炭素厂），以其截面为工作面。每次实验前，工作电极依次用 $1000^\#$ 和 $1200^\#$ 的金相砂纸打磨光滑，经二次去离子水清洗干净后使用，辅助电极为碳棒电极，参比电极为饱和甘汞电极（SCE）。本实验中的电位值如不特别指明均相对于 SCE 而言。

2.试剂：苯胺（An）、HCl、H_2SO_4 等均为分析纯，北京化学试剂公司出品；苯胺经减压二次蒸馏后使用，各种溶液用去离子水二次蒸馏配制。

四、实验步骤

分组配制浓度为 0.2mol/L、0.4mol/L、0.6mol/L 苯胺和 0.5mol/L 硫酸的混合液约50mL。以处理过的柔性石墨纸为工作电极、光谱石墨片（工作面积为 2cm×2cm）为辅助电极、饱和甘汞电极（SCE）为参比电极，控制不同的扫描圈数，采用电化学循环伏安法合成PANI，聚合过程电位范围为 $-0.2\sim0.85V$，扫描速率为 5mV/s。聚合完成后，电极极片用去离子水反复冲洗，以除去表面未反应的苯胺单体，60℃下真空干燥，称量，从而得出 PANI的质量，观察聚苯胺的颜色与状态。以同样的合成条件，在 0.2mol/L 苯胺和 0.5mol/L 硫酸中，加入质量分数为 1% 的活性炭，在黑暗环境中超声 1h，使活性炭均匀分散在混合液中，再利用循环伏安法制备得到 PANI。

记录氧化、还原峰的位置。改变扫描速率、苯胺浓度，记录聚苯胺产量变化情况。

五、思考题

1.在酸性溶液中采用循环伏安法电化学合成聚苯胺，循环伏安曲线上将出现几对明显的氧化还原峰？

2.定性分析聚苯胺生长速度的阴极沉积电量 Q 与苯胺浓度、扫描速率之间的关系。

3.随着循环伏安扫描过程的进行，分析电容的变化趋势。其原因是什么？

4.分析化学法合成聚苯胺与电化学合成聚苯胺之间的区别与联系。

六、参考文献

[1] 张其锦,翟焱. 聚苯胺的电化学合成实验[J]. 大学化学,1998,13(4):41-43.

[2] Cui C Q,Ong L H,Tan T C,et al. Extent of incorporation of hydrolysis products in polyaniline films deposited by cyclic potential sweep[J]. *Electrochimica Acta*,1993,38(10):1395-1404.

[3] Zotti G,Cattarion S,Comisso N. Electrodeposition of polythiophene,polypyrrole and polyaniline by the cycle potential sweep method[J]. *Journal of Electroanalytical Chemistry*,1987,235:259-273.

[4] 张贵荣,张爱健,王欢,等. 电聚合苯胺过程的在线紫外-可见光谱[J]. 高分子学报,2008,1(1):41-46.

[5] Mandic Z,Duie L,Kovacicek F. The influence of counter-ions on nucleation and growth of electrochemically synthesized polyaniline film [J]. *Electrochimica Acta*,1997,42(9):1389-1402.

[6] Cui C Q,Ong L H,Tan T C,et al. Origin of the difference between potentiostatic and cyclic potential sweep depositions of polyaniline[J]. *Journal of Electroanalytical Chemistry*,1993,346(1-2):477-482.

[7] Wei Y,Jang G W,Chan C C,et al. Polymerization of aniline and alkyl ring-substituted anilines in the presence of aromatic additives[J]. *Journal of Physical Chemistry*,1990,94(19):7716-7721.

[8] Wei Y,Tang X,Sun Y,et al. A study of the mechanism of aniline polymerization[J]. *Journal of Polymer Science*,1989,27(7):2385-2396.

[9] Wei Y,Hariharan R,Patel S A. Chemical and electrochemical copolymerization of aniline with alkyl ring-substituted anilines[J]. *Macromolecules*,1990,23(3):758-764.

实验 14　苯丙乳液的粒径分布与 Zeta 电位的测试

一、实验目的

1. 理解乳液粒径、粒径分布的影响因素。
2. 掌握乳液的粒径分布与 Zeta 电位的测试方法。

二、实验原理

乳液聚合是指单体在乳化剂的作用下分散在介质中，加入水溶性引发剂，在机械搅拌或振荡情况下进行非均相聚合的反应过程。当乳化剂溶于水时，若其浓度超过临界胶束浓度，则乳化剂分子聚焦在一起形成胶束。在乳化剂溶液中加入单体并进行搅拌时，大部分单体分散成液滴，部分单体则增溶于乳化剂胶束中。当水溶性的引发剂加入后，引发剂在水中生成自由基并扩散到胶束中去，并在那里引发聚合反应。乳液聚合可实现高聚合速率和高分子量，此外该聚合方式还具有乳液体系的黏度低、易于传热和混合、生产容易控制、所得胶乳可直接使用、残余单体容易去除等优点。

苯丙乳液因具有无毒、无味、耐水、抗老化、耐碱、抗污、耐擦洗和生产成本低廉等优异特性而被广泛应用，是建筑涂料、黏合剂、造纸助剂、皮革助剂、织物处理剂等产品的重要原料。

聚合物以乳胶粒的形式分散在水中形成乳液，乳液中乳胶粒子直径的大小称为乳液粒径。乳液粒径及粒径分布是聚合物乳液的重要技术指标，其数值大小对乳液的性能，如乳液的颜色、涂膜的光泽、聚合物的黏结力等，产生直接影响。

Zeta 电位又称电动电位或电动电势（ζ-电位或 ζ-电势），是指剪切面（shear plane）的电位，是表征胶体分散系稳定性的重要指标。由于分散粒子表面带有电荷而吸引周围的反离子，这些反离子在两相界面呈扩散状态分布而形成扩散双电层。根据 Stern 双电层理论可将双电层分为两部分，即稳定层和扩散层。当分散粒子在外电场的作用下，稳定层与扩散层发生相对移动时的滑动面即为剪切面，该处对远离界面的流体中的某点的电位称为 Zeta 电位或电动电位。即 Zeta 电位是连续相与附着在分散粒子上的流体稳定层之间的电势差。因此，对乳液粒径、粒径分布以及 Zeta 电位进行测定，对衡量乳液稳定性具有重要的意义。

三、仪器与材料

1. 仪器:粒度与 Zeta 电位测试仪(见图 14-1)。
2. 试剂:苯丙乳液。

图 14-1　粒度与 Zeta 电位测试仪

四、实验步骤

(一)粒径分布测试

1. 开通设备电源开关(将设备开关按钮由"OFF"拨到"ON"),仪器预热 20min,打开电脑主机开关。

2. 点击 DTS(Nano)软件,进入仪器测量程序。

3. 将样品移入样品池,盖上样品池池盖,保持样品池外部干燥、无液体,防止设备损伤。

4. 将样品池放入纳米粒度仪中。

单击"Measure"菜单中的"Manual"选项,进入测量设置界面。在"Measurement type"中选择测量类型为"Size",在"Labels"选项中输入样品名称和其他备注,在"Cell"中选择所用样品池的类型,在"Sample"中设置所测样品的参数,如颗粒折射率、吸收率以及分散剂折射率和黏度等,在"Temperature"中设置测量温度,在"Measurement"中设置测量时间和次数,在"Result calculation"中设置测量模型,其他可默认。

(5)设置完成后,点击"确定",进入测量窗口,单击"Start"即开始测量,结果会自动按记录编号保存。

(二)Zeta 电位测试

(1)样品制备好以后用注射器加入到干净的样品池中,盖上塞子,插入仪器中。

在"Measure"菜单中单击"Manual"选项,进入测量设置窗口。在"Measurement type"中选择"Zeta potential",在"Labels"选项中输入样品名称和其他备注。在"Cell"中选择样品池类型,在"Sample"中选择测量介质并设置测量介质的参数,如黏度和介电常数,在"Temperature"中设置测量温度,在"Measurement"中设置测量时间和次数,其他窗口无须变化。

（2）设置完成以后，点击"确定"，进入测量窗口，单击"Start"即开始测量，测量结果会自动保存在文件中。

（3）测试结束后，关掉电脑，关掉设备开关（将设备开关按钮由"ON"拨到"OFF"）。

五、思考题

1．乳胶粒的粒径、粒径分布与哪些因素有关？如何控制？

2．乳液粒径分布与 Zeta 电位的测试原理？

六、参考文献

[1] 巫朝剑,庞起,覃爱苗,等.苯丙乳液的制备及其性能影响因素研究[J].功能材料,2013, 44(21):3174-3177.

[2] 侯晓妮.苯丙乳液的制备及其在内墙抗菌涂料的应用[D].成都:四川大学,2005.

[3] 张健堂.木器漆用苯丙乳液的制备及性能研究[D].合肥:合肥工业大学,2010.

[4] 刘明.几种典型水溶液分散体系的 Zeta 电位及其稳定性研究[D].武汉:武汉理工大学,2010.

[5] 汪锰,安全福,吴礼光,等.膜 Zeta 电位测试技术研究进展[J].分析化学,2007,35(4): 605-610.

附录：

苯丙乳液的制备过程

乳液聚合体系主要包括四大组分，即单体、分散介层（水）、乳化剂、引发剂，此外还用 pH 来调节并改善乳液流动性的电解层等。依据反应单体与反应性质，可选用不同的乳化剂。乳化剂是决定乳液稳定性的最主要因素，它对反应速率、乳液黏度、胶粒尺寸等也有重要影响。乳化剂的选择除单体要求的种类外，一般以体系要求的 HLB 值（亲水亲油平衡值）决定其配比和用量，而且多以非离子型与离子型乳化剂复配。

用于乳液聚合的引发剂主要是以过氧化氢为母体的衍生物，如过硫酸铵、过硫酸钾、有机过氧化物，对于某些体系，还可采用其他热分解引发剂。经典的乳液聚合定性理论将乳液聚合过程分为以下四个阶段：

1．分散阶段。乳化剂在分散相（水）中形成胶束，加入部分单体后，在搅拌作用下，部分单体形成单体珠滴、部分单体增溶在乳化剂形成的胶束中或溶解在水相中。乳化剂、单体化水相、单体珠滴和胶束之间建立动态平衡。

2．阶段Ⅰ（成核阶段）。水溶性引发剂加入到体系中后，在反应温度下引发剂在水相中开始分解出初始自由基，或扩散到胶束中或在水相中引发聚合，或扩散到单体珠滴中。无论哪种情况，都可引发单体聚合形成乳胶粒。在阶段Ⅰ，乳化剂有四个去处：形成胶束、吸附在乳胶粒表面上、吸附在单体珠滴表面上及溶解在水中。单体也有四个去向：形成单体珠滴、分布在乳胶粒中、分布在增溶胶束中或溶解在水中。此时,乳化剂和单体在水相、单体珠滴、乳胶粒和胶束之间建立动态平衡,直到胶束耗尽,标志着阶段Ⅰ结束。

3.阶段Ⅱ(乳胶粒长大阶段)。聚合反应发生在乳胶粒中,逐渐加入的单体形成单体珠滴,单体由单体珠滴通过水相扩散到乳胶粒中,在其中进行聚合反应,使乳胶粒长大。此时,乳化剂和单体在乳胶粒、水相和单体珠滴之间建立动态平衡。单体珠滴消失,标志着阶段Ⅱ结束。

4.阶段Ⅲ(聚合反应完成阶段)。在该阶段,胶束和单体珠滴都不见了。绝大多数未反应的单体集中在乳胶粒内部,只有极少数单体溶解在水相中,单体和乳化剂在水相和乳胶粒之间建立动态平衡。水相中的引发剂分解出自由基,扩散到乳胶粒中,在乳胶粒中引发聚合,使乳胶粒中的单体含量逐渐减少,使单体转化率达到最大直至反应结束。

正是乳液聚合的定性理论决定了聚合反应严格的操作步骤。因此操作步骤往往是聚合物乳液性能好坏的重要因素之一。

二、实验仪器与材料

1.仪器:水浴锅、搅拌器、搅拌棒、滴液漏斗、三口烧瓶、球形冷凝管、温度计。

2.材料:苯乙烯(St)、丙烯酸丁酯(BA)、甲基丙烯酸甲酯(MMA)、十二烷基硫酸钠(SDS)、辛烷基苯酚聚氧乙烯醚(OP-10)、过硫酸铵、碳酸氢钠、氨水、去离子水、pH试纸。

实验合成装置:如图1所示。

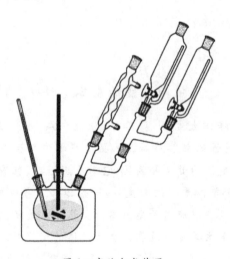

图1 实验合成装置

三、样品合成操作步骤

1.安装仪器。如图1所示搭好装置,检查搅拌棒与瓶口是否密封,用胶管连接好冷凝管的上下水,水浴锅中加水至三口烧瓶半浸入位置。

2.往三口烧瓶中分别加入62mL去离子水、2.3g乳化剂OP-10、4g SDS,开启搅拌,调节转速至150r/min左右,水浴加热至65℃,搅拌5~10min,同时打开冷凝水至合适流量。

3.量取27mL苯乙烯(St)、31mL丙烯酸丁酯(BA)、10mL甲基丙烯酸甲酯(MMA),将单体混合均匀,加至恒压滴液漏斗中,10min 内滴加单体量的 1/5,再搅拌 20min,同时水浴升温至 70℃。

4. 将 0.12g 过硫酸铵(引发剂)溶解在 8mL 去离子水中,并加入到恒压滴液漏斗中,10min 内滴加 2mL 引发剂,反应约 30min 后,反应体系开始呈带蓝光的白色乳液。

5. 将剩余的单体与引发剂同时滴加入三口烧瓶中,约 3h 后全部滴加完毕,升温至 85℃,保温 1h。

6. 保温完后,停止加热,自然降温至 60~65℃后,滴加(1∶1)稀氨水,调 pH 至 7~8,再搅拌自然降温至 40℃后,出料。出料时若有凝胶,用滤布过滤。

实验 15　环氧树脂固化温度的示差扫描量热分析

一、实验目的

1. 掌握示差扫描量热法的基本工作原理及仪器的使用操作技术。
2. 掌握用示差扫描量热法测定环氧树脂的固化温度。

二、实验背景

环氧树脂是指含有环氧基的聚合物,环氧氯丙烷是主要单体,它可以与各种多元酚类反应,生成各种环氧树脂。在环氧树脂的结构中存在羟基、醚基和环氧基,使环氧分子与相邻界面产生较强的分子间作用力,可以用作涂料、浇铸材料、层压材料等。

示差扫描量热法(Differential Scanning Calorimetry, DSC)是在程序控温下,测量试样与参比物之间单位时间内能量差(或功率差)随温度变化的一种技术。其特点是使用温度范围比较宽、分辨能力和灵敏度高,根据测量方法的不同,可分为功率补偿型 DSC 和热流型 DSC,主要用于定量测量各种热力学参数和动力学参数。

该法广泛应用于测定物质在热反应时的特征温度及吸收或放出的热量,包括物质相变、分解、化合、凝固、脱水、蒸发等物理或化学反应,广泛应用于无机、有机,特别是高分子聚合物、玻璃钢等领域。

三、实验原理

环氧氯丙烷和二羟基二苯基丙烷(双酚 A)在氢氧化钠的催化作用下,不断地进行开环和闭环,得到线型聚合树脂。通过控制环氧氯丙烷和双酚 A 之间的摩尔比、反应温度、催化剂浓度等,可制备不同分子量的环氧树脂预聚物。

产生预聚物的反应式为:

环氧树脂的预聚物在与二胺、酸酐等化合物固化时,发生交联反应,放出热量,采用差热分析仪分析出预聚物试样在加热条件下交联反应的进程和反应动力学信息。

(一)功率补偿型 DSC 的原理

功率补偿型 DSC 的主要特点是试样和参比物分别具有独立的加热器和传感器。整个仪器由两个控制系统进行监控,其中一个用于控制温度,使试样和参比物以预定的程序升温或降温;另一个用于补偿试样和参比物间的温差,这个温差是由试样的吸热或放热效应产生的。从补偿功率可以直接求得热流率:

$$\Delta W = \frac{dH_S}{dt} - \frac{dH_R}{dt} = \frac{dH}{dt} \tag{15-1}$$

式中:ΔW 为所补偿的功率;ΔH_S 为试样的热焓;ΔH_R 为参比物的热焓;dH/dt 为单位时间内焓变,即热流率(mJ/s)。

如果试样产生热效应,则立即进行功率补偿,所补偿的功率为:

$$\Delta W = I_S^2 R_S - I_S^2 R_R \tag{15-2}$$

式中:R_S 和 R_R 分别为试样与参比物加热器的电阻。

令 $R_S = R_R = R$,总电流 $I_T = I_S + I_R$,设 V_S 和 V_R 分别为试样加热器和参比物加热器的加热电压,其电压差 $\Delta V = V_S - V_R$,则:

$$\Delta W = R(I_S + I_R)(I_S - I_R) = I_T(I_S R - I_R R) = I_T(V_S - V_R) = I_T \Delta V \tag{15-3}$$

在式(15-3)中,I_T 为常数,则 ΔW 与 ΔV 成正比,因此用 ΔV 作为纵轴即可直接表示热流率 dH/dt。

(二)仪器校正和数据处理

试样变化过程中的总焓变即为吸热或放热峰的面积:

$$\Delta H = \int_{t_1}^{t_2} \Delta W dt \tag{15-4}$$

实际上由于补偿加热器与试样及参比物之间有热阻,补偿的热量有部分漏失,因此仍需通过校正再求得焓变。若峰面积为 S,则总焓变为:

$$\Delta H = KS \tag{15-5}$$

式中:K 为仪器常数,不随温度和操作条件而变,只需取一温度点以标准物质校正即可。

由于 DSC 的基线与试样及参比物的传热阻力无关,因此可以尽量减小热阻而提高灵敏度,此时仪器的响应速度更快,峰的分辨率也更高。

四、仪器与材料

1.仪器:差热分析仪、电子天平、铝坩埚。

2.材料:双酚 A 型环氧树脂预聚物、二氨基二苯基砜。

五、实验步骤

(一)环氧树脂配方及其配制

1.环氧树脂的配方。

环氧树脂的主要组分是环氧树脂预聚物和固化剂,其中:

$$固化剂的用量(phr) = 胺当量 \times 环氧值$$

$$胺当量 = 胺的相对分子量 \div 胺中活泼氢的个数$$

环氧值是指每 100 克环氧树脂中含有的环氧基的克当量数,单位为[当量/100 克]。
phr 是指每 100 份环氧树脂预聚物所需固化剂的质量份数。

2. 环氧树脂的配制。

(1)称取环氧树脂预聚物若干克;

(2)按环氧值计算所选固化剂的用量,称取固化剂;

(3)将环氧树脂预聚物和固化剂在容器中混合均匀,进行差热分析以确定固化温度。

(二)差热分析

1. 打开仪器、计算机,点击"STARe"图标进入 DSC 软件,然后建立软件与仪器的连接。如果测试中需要反应气或保护气,则打开反应气或保护气的阀门并调节需要的气体流量。

2. 点击实验界面左侧的"routine editor"编辑实验方法。

3. 编辑完一个新方法或打开一个已经保存的方法后,在"Sample Name"一栏中输入样品名称,在"Size"一栏中输入样品重量,然后点击"Sent Experiment"。

4. 当电脑屏幕左下角的状态栏中出现"waiting for sample insertion"时,打开差热分析仪的炉盖,将制备好的含有样品的坩埚放到传感器左侧的环形区域内,盖上炉盖,然后点击软件中的"OK"键,实验即自动开始。

5. 测试结束后,当电脑屏幕左下角的状态栏中出现"waiting for sample removal"时,打开炉盖,将样品取出。

6. 数据处理:

(1)点击"Session/Evaluation Window",打开数据处理窗口。

(2)单击"File/Open Curve",在弹出的对话框中选中要处理的曲线,点击"Open"打开该曲线。

(3)根据需要对曲线进行各种处理,必要时可以参见主菜单中的"Help/Help Topics"。

7. 关闭 DSC1 电源,关闭计算机(DSC1 和计算机的关闭顺序没有严格要求),关闭反应气或保护气的阀门。

六、思考题

1. 环氧树脂的分子结构有何特点?

2. 影响环氧树脂固化反应的主要因素有哪些?

3. 功率补偿型 DSC 的基本工作原理是什么? 其在聚合物研究中主要有哪些应用?

七、参考文献

[1] 杨永超. 环氧氯丙烷-环氧树脂的制备及可行性研究[D]. 长春:吉林大学,2015.

[2] 杨东洁. 双酚 A 低分子环氧树脂的合成工艺研究[J]. 四川师范大学学报(自然科学版),2001,24(2):171-173.

[3] 朱明华,胡坪. 仪器分析[M]. 4 版. 北京:高等教育出版社,2008.

附录：

环氧树脂预聚物的制备方法

1. 仪器：搅拌器、搅拌棒、温度计、水浴锅、滴液漏斗、三口烧瓶、冷凝管、分液漏斗、真空蒸馏装置 1 套。

2. 材料：双酚 A、环氧氯丙烷、甲苯、蒸馏水、20％氢氧化钠溶液、25％盐酸溶液。

3. 实验步骤：将 22.5g 双酚 A、28g 环氧氯丙烷加入到 250mL 三口烧瓶中，装上搅拌器、滴液漏斗、回流冷凝管及温度计（见图 1），在搅拌下缓慢升温至 55℃；待双酚 A 全部溶解后，将 40mL 20％氢氧化钠溶液置于 50mL 滴液漏斗中，慢慢滴加至三口烧瓶中，保持反应温度在 65℃以下，约 1.5h 滴加完毕，然后保温 1h；在搅拌下用 25％盐酸溶液中和反应液至中性，加入 60mL 甲苯与 30mL 蒸馏水，充分搅拌并倒入 250mL 分液漏斗中，静置分层，除去水层。

将有机层倒回三口烧瓶中，搭好实验装置（见图 2），减压蒸去甲苯和残余的水，蒸馏瓶中留下的浅黄色黏稠液体即为环氧树脂预聚物。

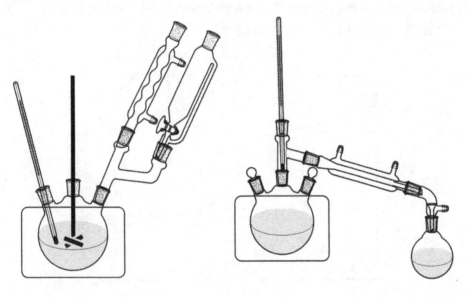

图 1　合成实验装置　　　　　　　　　图 2　蒸馏实验装置

实验 16　聚合物的热重分析

一、实验目的

1. 了解热重分析法在高分子领域的应用。
2. 掌握热重分析仪的工作原理及其操作方法。
3. 学会用热重分析法测定聚合物的热分解温度。

二、实验原理

热重分析（Thermogravimetric Analysis，TGA）是在程序控温下，测量物质的质量与温度关系的一种技术。现代热重分析仪一般由四部分组成，分别是电子天平、加热炉、程序控温系统和数据处理系统（微计算机）。通常，TGA 谱图（见图 16-1）是由试样的质量残余率 $Y(\%)$ 对温度 T 的曲线（称为热重曲线，TG）和试样的质量残余率 $Y(\%)$ 随时间的变化率 $dY/dt(\%/min)$ 对温度 T 的曲线（称为微商热重法，DTG）组成。

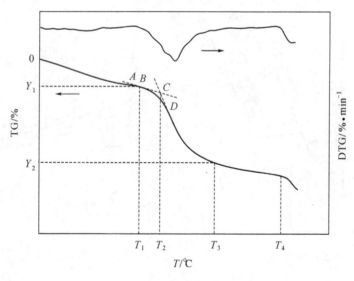

图 16-1　热重分析谱图

开始时，由于试样残余小分子物质的热解吸作用，试样有少量的质量损失，损失率为 $(100-Y_1)\%$；经过一段时间的加热后，温度升至 T_1，试样开始出现大量的质量损失，直至 T_3，损失率达 $(Y_1-Y_2)\%$；在 T_3 到 T_4 阶段，试样存在着其他的稳定相；然后，随着温度的继续升高，试样再进一步分解。图 16-1 中 T_1 称为分解温度，有时取 D 点（半寿命温度）的切线与 AB 延长线相交处的温度 T_2 作为分解温度，后者数值偏高。

热重分析法在高分子科学中有着广泛的应用，如高分子材料热稳定性的评定、共聚物和共混物的分析、材料中添加剂和挥发物的分析、水分(含湿量)的测定、材料氧化诱导期的测定、固化过程分析以及使用寿命的预测等。正如其他分析方法一样,热重分析法的实验结果也受到一些因素的影响,加之温度的动态特性和天平的平衡特性,使影响热重曲线(TG)的因素更加复杂,但基本上其影响因素可以分为两类:①仪器因素,如升温速率、气氛、支架、炉子的几何形状、电子天平的灵敏度以及坩埚材料等;②样品因素,如样品量、反应放出的气体在样品中的溶解性、粒度、反应热、样品装填、导热性等。

三、仪器与试剂

1.仪器:北京恒久仪器公司的 HCT-3 型热重分析仪。

2.试剂:待测聚合物、混合物。

四、实验步骤

1.打开电脑、软件;打开仪器电源,预热 30min;打开循环水。

2.进行通气实验时,需预先通气 30min。

3.放入已精确称量的样品。

4.点击软件采集数据,填写样品质量,设置升温速率和气体流速。

5.实验完成,保存数据。

五、注意事项

1.样品一般不超过坩埚容积的 1/3,特别是有机样品,需防止其在加热过程中膨胀溢出坩埚。

2.设置终止温度时,避免超出仪器范围,同时也要避免因样品的升华而影响仪器的使用。

3.冷却水要干净,以免堵塞仪器。

六、思考题

1.TGA 实验结果的影响因素有哪些?

2.采用空气气氛与惰性气体气氛测试的聚合物材料,其热失重结果有何不同?

实验 17　旋转流变仪测定聚丙烯酰胺溶液的流动曲线和黏度曲线

一、实验目的

1. 了解旋转流变仪的基本结构和工作原理。
2. 掌握采用旋转流变仪测量高分子溶液的黏度的方法。
3. 认识流动曲线和黏度曲线测试的意义。

二、实验原理

聚合物受外力作用时,会发生流动与变形,产生内应力。流变学就是研究应力和应变(应变速率)的关系、流动与变形的规律的一门科学。

在图 17-1 所示的剪切模型图中,应力,是指所考察的截面某一单位面积上的内力,则:

$$\sigma_{12} = \frac{F}{A} \tag{17-1}$$

应变,是指外力作用下物体局部的相对变形,则:

$$\gamma_{12} = \frac{\Delta x}{y_0} \tag{17-2}$$

应变速率,是指单位时间的相对变形量,则:

$$\dot{\gamma}_{12} = \frac{\Delta x/\Delta t}{y_0} \tag{17-3}$$

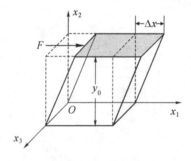

图 17-1　剪切模型图

DHR 流变仪以马达旋转(摆动)对样品进行剪切的方式提供了一个测试平台,马达对样品施加一定扭力 M(torque),在扭力的作用下样品产生一定的角位移 φ(displacement)或者转速 Ω,这可通过光学编码器测量。M 和 Ω 乘以相应的夹具因子 K,可以计算出应力 σ 和应变速率 $\dot{\gamma}$,从而得到黏度。黏度是物质抵抗外力流动的能力,可用方程进行描述:

$$\eta = \frac{\sigma}{\gamma} \tag{17-4}$$

牛顿流体,是指任一点上的剪应力都同剪切变形速率呈线性函数关系的流体,即应力与应变速率成正比。其流动曲线如图 17-2 所示,黏度曲线如图 17-3 所示。非牛顿流体,是指不满足牛顿黏性实验定律的流体,即其剪应力与剪切变形速率之间不是线性关系的流体。非牛顿流体广泛存在于生活、生产和大自然之中,包含非依时性流体和依时性流体。黏度曲线能直观和有效地描述非牛顿流体和剪切速率(应变速率)的关系。

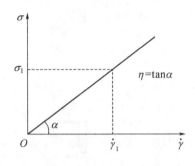
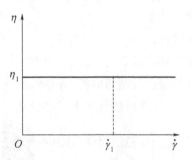

图 17-2　牛顿流体的流动曲线　　　图 17-3　牛顿流体的黏度曲线

1.非依时性流体:

剪切变稀——黏度随剪切速率升高而降低。

剪切增稠——黏度随剪切速率升高而升高。

2.依时性流体:

触变性——在恒定剪切速率下,黏度随时间延长而降低。

震凝性——在恒定剪切速率下,黏度随时间延长而升高。

旋转流变仪常用夹具有以下三种:同心圆筒、锥板和平行板,如图 17-4 所示。本实验所采用的夹具是平行板结构,由两个半径为 R 的同心圆盘构成,间距为 h,上圆盘可以旋转。平行板流场存在径向线性依赖性,从圆心到圆周,各点线速度不相等,平行板流场非均一。因此,平行板夹具原则上只适用于线性黏弹性能测量。平行板夹具的优点在于其间隙可以调节:小间隙可抑制二次流动,需要的样品量少且有利于热传导;大间隙适合测量填充体系、含颗粒的悬浮体系等,更适于测量聚合物共混物和多相聚合物体系的流变性能。

(1) 同心圆筒　　　(2) 锥板　　　(3) 平行板

图 17-4　旋转流变仪常用夹具结构

三、仪器与试剂

1. 仪器：DHR 流变仪、磁力搅拌器、烧杯、分析天平。

2. 试剂：聚丙烯酰胺溶液。

四、实验步骤

1. 称量、配置浓度为 2000mg/L 的聚丙烯酰胺溶液 50mL，在磁力搅拌器上搅拌 30min 左右使其溶解均匀。

2. 检查气源。

3. 打开循环水浴开关。

4. 打开流变仪控制箱电源，等待流变仪完成开机自检。

5. 打开电脑，然后进行如下程序设计。

(1) 打开流变仪控制软件 TRIOS ，选择 DHR 仪器图标 后，点击"Connect"取得联机。

(2) 安装夹具。将夹具连接在驱动轴底部，一手握住夹具，另一只手顺时针方向拧紧机头顶部的旋钮。

(3) 夹具惯量(Geometry Inertia)。由以下路径执行：File Manage→Geometries→Calibration→Inertia，按校正"Calibrate"向导进行校正，并确认勾选"Inertia"选项。

(4) 轴承摩擦损失校正(Bearing Friction Correction)。由以下路径执行：File Manage→Geometries→Calibration→Friction，按校正"Calibrate"向导进行校正，并确认勾选"Friction"选项。

(5) 选择温度控制系统。安装适当的下夹具温度控制平台/系统。

(6) 间隙调零(Zero Gap)。可由仪器上的快捷按钮栏执行，或者由以下路径进行：Control Panel→Gap→Zero Gap。

(7) 间隙温度补偿(Gap Temperature Compensation)。如果进行变温试验，需要进行此项设置。

(8) Rotational Mapping。由以下路径执行：File Manage→Geometries→Calibration→Rotational Mapping，按校正"Calibrate"向导进行校正。

(9) 设定实验方法(Procedure)。新建或打开实验方法，可以由以下路径执行：File Manage→Experiments→Procedure。

每种实验方法可分为前处理步骤、测试步骤和后处理步骤，测试步骤可以自定义添加和修改。

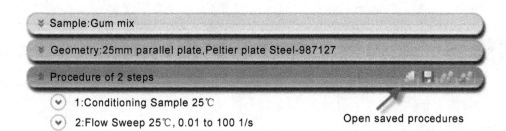

（10）样品和存档信息（Notes）。开启已建立的样品档案：File Manager→Results→Open；新建样品：File Manage→Experiments→Sample，输入有关样品和存档的信息。

（11）加载样品（Sample Loading）。到达设定实验温度后，放置样品（如果是聚合物样品，等待样品熔融；如果是低黏度溶剂或溶液，使用吸管加样）。

（12）调整间隙（Gap Closure）。通过选择快捷键⚒或利用 Control panel→Gap→Set gap 使夹具到达设定间隙，可以通过快捷键⋀、⋁和仪器控制面板上的按键先进行粗调。调整间隙的方式可以通过 Control Panel→Gap→Options→Gap→Gap Closure 中选择标准、线性或指数方式。

（13）修边：刮除多余溢出样品。可以先调整间隙到大于设定实验间隙的 5% 处，刮边，然后再调整到实验间隙，使样品在夹具边缘平齐且略微外凸。

（14）开始实验。利用快捷键"Start"开始进行实验。

6. 实验结束后，抬升机头，清理样品，取下夹具，关掉 TRIOS 控制软件，关掉水浴，关掉流变仪控制箱电源，锁住轴承保护盖，关掉气源。

五、数据处理

1. 根据测定的结果作图。
2. 分析聚合物的流变特性。

六、思考与讨论

1. 常用的流变参数有哪些？
2. 黏度受哪些因素的影响？
3. 举例说明流变学在实际生活、生产中的应用。

七、参考文献

[1]卿大咏，何毅，冯茹森. 高分子实验教程[M]. 北京：化学工业出版社，2011.

实验 18　　聚丙烯熔体动态黏度的测试

一、实验目的

1.进一步学习旋转流变仪的基本结构和工作原理。
2.掌握采用旋转流变仪测量聚合物熔融态的动态黏度的方法。

二、实验原理

聚合物受外力作用时,会发生流动与变形,产生内应力。流变学所研究的就是流动、变形与应力之间的关系。旋转流变仪是现代流变仪中的重要组成部分,它依靠旋转运动来产生简单剪切流动,可以用来快速确定材料的黏性、弹性等各方面的流变性能。

旋转流变仪一般是通过一对夹具的相对运动来产生流动的。引入流动的方法有两种:一种是驱动一个夹具,测量产生的力矩,这种方法最早是由 Couette 于 1888 年提出的,也称为应变控制型,即控制施加的应变,测量产生的应力;另一种是施加一定的力矩,测量产生的旋转速度,它是由 Searle 于 1912 年提出的,也称为应力控制型,即控制施加的应力,测量产生的应变。常见用于黏度等流变性能测量的几何结构有同轴圆筒(Couette,见图 18-1)、锥板(见图 18-2)和平行板(见图 18-3)等。本实验主要介绍平行板结构的夹具的基本工作原理。

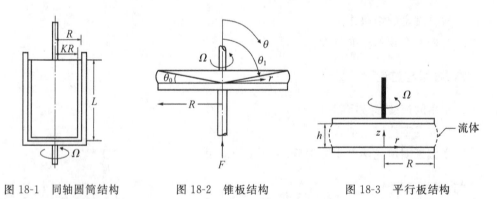

图 18-1　同轴圆筒结构　　　　图 18-2　锥板结构　　　　图 18-3　平行板结构

平行板的结构由两个半径为 R 的同心圆盘构成,间距为 h,上圆盘可以旋转,边缘表示了与空气接触的自由边界,在自由边界上的界面压力和应力对扭矩和轴向应力测量的影响一般可以忽略。这种结构对于高温测量和多相体系的测量非常适宜。平行板间距可以很容易地调节:对于直径 25mm 的圆盘,经常使用的间距为 1~2mm,对于特殊用途,也可使用更大的间距。间距设置的误差并不是非常重要,并且在多相体系中,间距可以比分散粒子大很多。一般的标准是:

$$\frac{d_{\mathrm{p}}}{h} \leqslant 1 \tag{18-1}$$

式中：d_{p} 为分散粒子的直径；h 为两个平行板的间距。

在大间距下，自由边界上的界面效应可以忽略。这种结构的主要缺点是间距中的流动是不均匀的，即剪切速率沿径向方向呈线性变化。当间距很小（$h/R \ll 1$）时，或者在低旋转速度下，惯性可以被忽略，稳态条件下的速度分布为：

$$u_{\theta} = \Omega r \left(1 - \frac{z}{h}\right) \tag{18-2}$$

剪切速率可以表示为：

$$\dot{\gamma} = \dot{\gamma}_{z\theta} = \Omega \frac{r}{h} \tag{18-3}$$

对于非牛顿流体，因为剪切速率随径向位置而变化，黏度不再与扭矩成正比，因此需要进行 Robinowitsh 型的推导。扭矩为：

$$T = 2\pi \int_0^R - \sigma_{z\theta}(r) r^2 \mathrm{d}r = 2\pi \int_0^R \frac{\eta(r) \Omega r^3}{h} \mathrm{d}r \tag{18-4}$$

将式（18-4）中的变量 r 换成 $\dot{\gamma}$（$\dot{\gamma} = \Omega r / h$），则：

$$T = 2\pi \left(\frac{h}{\Omega}\right)^3 \int_0^{\dot{\gamma}_{\mathrm{R}}} \eta(\dot{\gamma}) \dot{\gamma}^3 \mathrm{d}\dot{\gamma} \tag{18-5}$$

结合式（18-3），则式（18-5）可以写成：

$$T = 2\pi \left(\frac{R}{\dot{\gamma}_{\mathrm{R}}}\right)^3 \int_0^{\dot{\gamma}_{\mathrm{R}}} \eta(\dot{\gamma}) \dot{\gamma}^3 \mathrm{d}\dot{\gamma} \tag{18-6}$$

对 $\dot{\gamma}_{\mathrm{R}}$ 求导，并利用 Leibnitz 法则，可以得到

$$\frac{\mathrm{d}\left(\dfrac{T}{2\pi R^3}\right)}{\mathrm{d}\dot{\gamma}_{\mathrm{R}}} = \eta(\dot{\gamma}_{\mathrm{R}}) - 3\dot{\gamma}_{\mathrm{R}}^{-4} \int_0^{\dot{\gamma}_{\mathrm{R}}} \eta(\dot{\gamma}) \dot{\gamma}^3 \mathrm{d}\dot{\gamma} \tag{18-7}$$

应用式（18-6），得到最终的黏度表示式为：

$$\eta(\dot{\gamma}_{\mathrm{R}}) = \frac{T}{2\pi R^3 \dot{\gamma}_{\mathrm{R}}} \left[3 + \frac{\mathrm{d}\ln\left(\dfrac{T}{2\pi R^3}\right)}{\mathrm{d}\ln\dot{\gamma}_{\mathrm{R}}}\right] \tag{18-8}$$

对于非牛顿流体，首先用 $\ln T$ 对 $\ln\dot{\gamma}_{\mathrm{R}}$ 作图，然后利用局部斜率从式（18-8）计算黏度。对于满足指数定律的流体，扭矩为：

$$T = 2\pi m \int_0^R (\dot{\gamma}_{z\theta})^n r^2 \mathrm{d}r \tag{18-9}$$

且 $\ln T$ 与 $n\ln\dot{\gamma}_{\mathrm{R}}$ 成比例，因此黏度可以由以下简化的表达式给出：

$$\eta(\dot{\gamma}_{\mathrm{R}}) = \frac{T}{2\pi R^3 \dot{\gamma}_{\mathrm{R}}} (3 + n) \tag{18-10}$$

旋转流变仪的测试模式一般可以分为稳态测试、瞬态测试和动态测试，区分它们的标准是应变或应力施加的方式。本实验着重介绍动态测试模式。动态测试主要指对流体施加振荡的应变或应力，并测量流体相应的应力或应变。动态测试时，可以采用被测材料共

振频率下的自由振荡,或者采用固定频率下的正弦振荡。这两种方式都可用来测量黏度和模量,不同的是在固定频率下的正弦振荡测试在得到材料性能频率依赖性的同时,还可得到其性能的应变或应力依赖性。

在动态测试中,流变仪可以控制振动频率、振动幅度、测试温度和测试时间。在典型的测试过程中,通常将其中两项固定,而系统地变化第三项。频率扫描、应变扫描、温度扫描和时间扫描是其基本的测试模式。

应变控制型流变仪的动态频率扫描模式是以一定的应变幅度和温度,施加不同频率的正弦形变,在每个频率下进行一次测试。对于应力控制型流变仪,在频率扫描中设定的是应力的幅度。频率的增加或减少可以是对数的和线性的,或者产生一系列离散的频率。在频率扫描中,需要确定的参数是:应变幅度或应力幅度、频率扫描方式(对数扫描、线性扫描和离散扫描)和实验温度。从频率扫描中可以得到以下信息:①与分子量密切相关的黏度数据;②从分子量数据和分子量分布,可以检测到长支链的含量;③零剪切黏度 η_0 可以通过损耗模量 G'' 求得,平衡可恢复柔量 J_e^0 可通过储能模量 G' 求得,平均松弛时间 λ_r 可通过 J_e^0 和 η_0 的乘积求得。

三、仪器与材料

1. 仪器:旋转流变仪、强制空气加热炉、空气压缩机、循环泵槽、铜刮铲、铜刷。

2. 材料:聚丙烯圆片(直径 2.5mm,厚度 1~2mm)。

四、实验步骤

1. 检查气源。

(1)合上空气压缩机电源,将空气压缩机开关拨至"1"位,空气压缩机启动。

(2)将空气流量调节器上的开关旋开,流变仪气压控制在 3bar,控温池气压控制在 5bar。

2. 打开循环水浴开关(手放在水浴箱上能感受到轻微震动,说明循环水已开)。

3. 打开温度控制器。

4. 打开流变仪背后的电源开关。当"GAP"面板显示"————"之后,按"UP"键,空气轴承组件会自动进行升降初始化,待初始化结束后,"OK"灯就会亮起。

5. 打开电脑,运行软件。

(1)点击"Viscometery",然后点击"Displacement"旁边的方形按钮,对位置进行归零,确保位置的读数会有小幅变化。

(2)检查温度的读数不会显示"————"。

(3)点击"GAP"按钮,进入模拟的"GAP"控制面板,检查通信,确保窗口下方的状态栏没有显示"Communications Down"。

(4)返回主界面。

6. 选择适当的测试模式,点击"进入"。

(1)安装夹具。点击"Measuring System"下边的"SELECT"按钮,选择相对应的测量系统。

（2）设定温度。测试前可以在"Manual Setting"选项内进行设置，然后按"Tab"键，仪器会自动到达设定温度。

（3）间距校零。确保已经安装了测量系统，按"ZERO"按钮，等待"GAP"面板显示为"0000"，"OK"灯亮起。

（4）加载样品。按"UP"键，抬升轴承组件，将样品放在下板中央，待温度平衡后，调节"GAP"，用铜刮铲刮掉溢出的样品。

（5）打开轴承下面的插销，点击"Start"键，则按照设定的参数开始测试。

7. 测试结束后保存数据。按"UP"键抬升测量系统，将样品取出，并将夹具清理干净。

8. 关机。

五、思考题

1. 常用的流变参数有哪些？
2. 聚合物熔体的黏度受哪些因素的影响？
3. 举例说明流变学在实际生产、生活中的应用。

六、参考文献

[1]陈大华.聚乙烯、聚丙烯及其色母粒熔体动态流变行为研究[D].成都:四川大学,2001.

[2]吴其晔,巫静安.高分子材料流变学[M].北京:高等教育出版社,2002.

[3]史铁钧,吴德峰.高分子流变学基础[M].北京:化学工业出版社,2009.

实验 19　旋转式黏度计测定淀粉溶液的表观黏度

一、实验目的

1. 了解高分子溶液表观黏度的测定原理。
2. 掌握旋转式黏度计的基本构造和工作原理。
3. 熟练掌握浆液表观黏度测试的基本方法。

二、实验原理

黏度是描述液体流动时内摩擦阻力大小的物理量。浆液黏度是影响纱线上浆率的重要因素,同时浆液对纱线的浸透和被覆情况也会产生重要影响。浆液黏度大,则流动性差,在相同条件下浆液对纱线浸透少而被覆多,上浆率偏高;反之,则浆液对纱线浸透多而被覆少,上浆率偏低。在整个上浆过程中,浆液黏度稳定是保证上浆率和浆纱质量稳定的重要条件之一。

浆料表观黏度是表征浆料流动性的重要指标之一,其国际单位是帕·秒(Pa·s),实际中常用毫帕·秒(mPa·s)表示,两者的关系为 $1Pa \cdot s = 1000mPa \cdot s$。浆料的表观黏度一般用旋转式黏度计来测定。目前,我国纺织厂常用的是 NDJ 型旋转式黏度计,这类黏度计对上浆工程的浆液黏度测量是较适用的,可根据需要测定各种单一浆料或混合浆料的黏度。

将被测液体装入旋转式黏度计测定器的内外筒之间,当内转筒在被测液体中旋转时受到淀粉糊黏滞阻力的作用,产生的反作用力迫使悬挂的电机壳体偏转。电机壳体和两根一正一反安装的青铜弹簧(游丝)相连,当电机壳体偏转时,使弹簧产生扭矩,当弹簧的扭矩与黏滞阻力达到平衡时,固定在电机壳体上的拨叉将指针稳定在刻度板上的某一刻度,刻度与转筒所受的黏滞阻力成正比。

在一定温度范围内,淀粉糊样品随着温度的升高而逐渐糊化,当温度升到 95℃ 后保温 1h,用旋转式黏度计测定的黏度值即为一定浓度淀粉糊样品的黏度。测定淀粉糊在 95℃ 下保温不同时间的黏度值,即可得到淀粉的黏度耐热稳定性。

本实验中采用 NDJ-79 型旋转式黏度计(见图 19-1)测定淀粉浆液在 95℃ 时的黏度,用第 Ⅱ 组测量容器、1# 转子,有效量程范围为 10~100mPa·s。当测定值超出有效量程范围时,须更换转子或测定器。

三、仪器与试剂

1. 仪器:NDJ-79 型旋转式黏度计、电子天平、超级恒温水浴锅、冷凝管、机械搅拌器、

500mL 三口烧瓶、温度计、量筒、25mL 移液管、烧杯、吸耳球、玻璃棒等。

2. 试剂：淀粉。

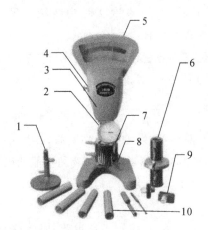

1—温度计支架；　2—温度计；　3—避震器托架；　4—调节螺钉；　5—主机；

6—第Ⅲ组测量容器；　7—第Ⅱ组测量容器；　8—托架；　9—变速器1：10,1：100；

10—转子(第Ⅱ组转子：1$^\#$、10$^\#$、100$^\#$，第Ⅲ组转子：01$^\#$、02$^\#$、04$^\#$、05$^\#$)

图 19-1　NDJ-79 型旋转式黏度计的结构

四、实验步骤

1. 准确称取干基重量为 24.0g(精确到 0.1g)的淀粉试样，并加入到蒸馏水或纯度相当的水中，配制成质量分数为 6% 的淀粉乳分散液。

2. 将配制好的淀粉乳分散液移入置于恒温水浴锅内的 500mL 三口烧瓶中，三口烧瓶上装有温度计、冷凝管以及机械搅拌器。

3. 开始搅拌(搅拌速度为 130～160r/min)，并升温加热淀粉乳，当温度升至 95℃后，在机械搅拌的状态下开始保温并计时，1h 后用 NDJ-79 型旋转式黏度计测定淀粉浆液的表观黏度。

4. 按照 NDJ-79 型旋转式黏度计说明书上规定的方法，对黏度计进行校正调零操作。接通电源，在电机旋转状态下调整调零螺丝，将指针调到零位，并重复开关，验证零位是否正确。将黏度计的测量容器放在黏度计托架上，并与保温装置相连。每次测定前 5～10min，打开循环泵开关，将保温装置恒温在 95℃。

5. 测试淀粉浆液的黏度时，用移液管从三口烧瓶中吸取适量的待测浆液，并小心地移入黏度计测量筒中。在测试淀粉浆液黏度的过程中，采用 95℃循环水浴装置保温盛有浆液的测量筒，以保证浆液温度在测试过程中保持不变。

6. 将转筒置入浆液中直至完全浸没为止，转筒的下端不宜碰到测量筒底部，并将转筒挂于黏度计的挂钩上，打开黏度计的开关开始测量。测试时，转筒旋转从开始晃动到逐渐对准中心，在此过程中可以在托架上将测量容器前后左右做微量移动以加快对准中心位置的速度。待旋转式黏度计的指针稳定后即可读数，连续重复测试 2 次，取 2 次指针稳定后读数的算术平均值作为淀粉浆液的表观黏度值。

7. 浆液在 95℃下保温后的 3h 内,分别在保温 1h、1.5h、2h、2.5h、3h 时测定一次浆液的黏度值,共测试 5 次(由于时间的关系,本次实验中浆液黏度共测试 3 次,即在保温 1h、1.5h、2h 时分别测定一次浆液的黏度值)。

8. 计算。淀粉浆液表观黏度的热稳定性及波动率分别按下式计算:

$$黏度稳定性(\%)=100-黏度波动率 \tag{19-1}$$

$$黏度波动率(\%)=\frac{\max|\eta-\eta'|}{\eta_1}\times100 \tag{19-2}$$

式中:η_1 为淀粉浆液在 95℃下保温 1h 后测得的黏度值,mPa·s;$\max|\eta-\eta'|$ 为淀粉浆液升温至 95℃后保温 1h、1.5h、2h 时,3 次测试淀粉浆液黏度值的极差。

五、数据处理

1. 记录试样名称与规格、仪器型号、仪器工作参数、原始数据等。

2. 计算淀粉浆液的表观黏度波动率及黏度稳定性。

六、思考题

1. 绘制实验流程图。

2. 简述高分子溶液表观黏度的测定原理。

实验 20　四探针法测试材料的电阻率

一、实验目的

1.掌握四探针法测试电阻率的原理和方法。
2.学会如何对特殊尺寸样品的电阻率测试结果进行修正。
3.了解影响电阻率测试结果的因素。

二、实验原理

在半无穷大的均匀电阻率样品上,点电流源所产生的电场具有球面对称性,电场中的等势面将是一系列以点电流源为中心的半球面,如图 20-1 所示。假定在一块半无穷大的均匀电阻率样品上,放置两个点电流源 1、4,电流由 1 流入,从 4 流出,如图 20-2 所示。在图 20-2 中,2 和 3 代表的是样品上放置的两个测电压的探针,它们相对于 1 点和 4 点的距离分别为 r_{12}、r_{24},r_{13}、r_{34}。

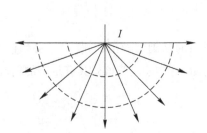

图 20-1　点电流源的电场分布

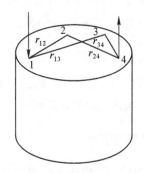

图 20-2　任意位置的四探针

若 E 为 r 处的电场强度,则:

$$E=j\rho=\frac{I\rho}{2\pi r^2} \tag{20-1}$$

由电场强度和电位梯度以及球面对称关系可知:

$$E=-\frac{\mathrm{d}\psi}{\mathrm{d}r} \tag{20-2}$$

$$\mathrm{d}\psi=-E\mathrm{d}r=-\frac{I\rho}{2\pi r^2}\mathrm{d}r \tag{20-3}$$

取 r 为无穷远处的电位为零,则:

$$\int_0^{\psi(r)}\mathrm{d}\psi=\int_\infty^r-E\mathrm{d}r=-\frac{I\rho}{2\pi}\int_\infty^r\frac{\mathrm{d}r}{r^2} \tag{20-4}$$

$$\psi(r) = \frac{\rho I}{2\pi r} \tag{20-5}$$

式(20-5)就是半无穷大均匀电阻率样品上离开点电流源距离为 r 的点的电位与探针流过的电流、样品电阻率的关系式,它代表了一个点电流源对距离 r 处的点的电势的贡献。

对如图 20-2 所示的情形,四根探针位于样品中央,电流从探针 1 流入,从探针 4 流出,则可将 1、4 探针认为是点电流源,由式(20-1)可知,探针 2 和探针 3 的电位分别为:

$$\psi_2 = \frac{I\rho}{2\pi}\left(\frac{1}{r_{12}} - \frac{1}{r_{24}}\right) \tag{20-6}$$

$$\psi_3 = \frac{I\rho}{2\pi}\left(\frac{1}{r_{13}} - \frac{1}{r_{34}}\right) \tag{20-7}$$

探针 2、3 的电位差为:

$$U_{23} = \psi_2 - \psi_3 = \frac{I\rho}{2\pi}\left(\frac{1}{r_{12}} - \frac{1}{r_{24}} - \frac{1}{r_{13}} + \frac{1}{r_{34}}\right) \tag{20-8}$$

由此可得出样品的电阻率为:

$$\rho = \frac{2\pi U_{23}}{I}\left(\frac{1}{r_{12}} - \frac{1}{r_{24}} - \frac{1}{r_{13}} + \frac{1}{r_{34}}\right)^{-1} \tag{20-9}$$

式(20-9)就是利用直流四探针法测量电阻率的普遍公式。我们只需测出流过探针 1、4 的电流 I 以及探针 2、3 间的电位差 U_{23},代入四根探针的间距,就可以求出该样品的电阻率 ρ。

在实际测量中,最常用的是直线型四探针,即四根探针的针尖位于同一直线上,并且间距相等,设 $r_{12} = r_{23} = r_{34} = S$,则有:

$$\rho = \frac{U_{23}}{I}2\pi S \tag{20-10}$$

需要注意的是,式(20-10)是在半无限大均匀样品的基础上导出的,使用中必须满足样品厚度及边缘与探针之间的最近距离大于四倍探针间距,这样才能使该式具有足够的精确度。

三、仪器与材料

1. 仪器:SX1944 型数字式四探针测试仪(见图 20-3)。

图 20-3　SX1944 型数字式四探针测试仪

2. 规格:①测量范围:电阻率,$10^{-4} \sim 10^5 \Omega \cdot cm$;方块电阻,$10^{-3} \sim 10^6 \Omega$;薄膜电阻,$10^{-4} \sim 10^5 \Omega$。②可测半导体材料的尺寸:$\phi 15 \sim 100mm$。③电压表参数:量程,200mV;误差,$\pm 0.1\%$;读数,$\pm 2$ 字;最大分辨率,$10\mu V$。④电流表参数:输出,$0 \sim 100mA$,连续可调;误差,$\pm 0.5\%$;读数,± 2 字。⑤探头参数:探针间距,1mm;探针直径,$\phi 0.5mm$;压力,$0 \sim 2kg$,可调。

3. 材料:塑料圆片、聚丙烯或尼龙。

四、实验步骤

1. 打开 SX1944 型数字式四探针测试仪的主机开关,预热 0.5h,并使室内温度及湿度达到测试要求。

2. 测量并记录试样的厚度和直径。

3. 打开电脑桌面软件"SX1944",选取待测薄圆片的电阻率。

4. 输入相关实验参数:试样标识、厚度、直径。

5. 点击"测试",选择自动电流量程,根据弹出的对话框压下探头(轻触试样即可),调节电流,然后点击"确认",对系统进行初始化。

6. 点击"测试",选择"自动测试",根据弹出的对话框调节电流,点击"确认",即可进行测量显示。

五、数据处理

记录试样名称与规格、仪器型号、仪器工作参数、原始数据等。

六、注意事项

1. 压下探头时,压力要适中,以免损坏探针。

2. 由于样品表面的电阻可能分布不均,测量时应对一个样品多测几个点,然后取其平均值。

3. 样品的实际电阻率还与其厚度有关,还需查附录中的厚度修正系数,进行相关修正。

七、思考题

1. 测量电阻的方法有哪些?

2. 为什么要用四探针进行测量? 如果只用两根探针(既作电流探针,又作电压探针),是否能够对样品进行较为准确的测量?

3. 四探针法测量材料电阻的优点是什么?

4. 在本实验中,哪些因素能够使实验结果产生误差?

实验 21 扫描电子显微镜分析纤维样品

一、实验目的

1. 了解扫描电镜的基本结构和原理。
2. 了解扫描电镜试样的制备方法。
3. 选择合适的样品，对样品形貌进行观察。

二、实验原理

扫描电子显微镜（Scanning Electron Microscope，SEM），简称扫描电镜，是继透射电镜之后发展起来的一种电子显微镜。它是将电子束聚焦后以扫描的方式作用于样品，产生一系列物理信息，收集其中的二次电子、背散射电子等信息，经处理后获得样品表面形貌的放大图像。

扫描电镜主要由电子光学系统，信号检测处理、图像显示和记录系统，以及真空系统三大系统组成。其中，电子光学系统是扫描电镜的主要组成部分，主要包括电子枪、电磁透镜、扫描线圈、样品室等，其结构如图 21-1 所示。

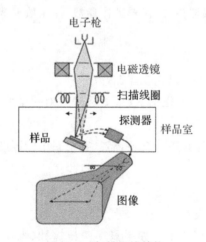

图 21-1　扫描电镜结构

由电子枪发射出的电子经过聚光镜系统和末级透镜的会聚作用形成一直径很小的电子束，投射到试样的表面，同时，镜筒内的偏置线圈使这束电子在试样表面做光栅式扫描。在扫描过程中，入射电子依次在试样的每个作用点激发出各种信息，如二次电子、背散射电子、特征 X 射线等。安装在试样附近的探测器分别检测相关反应表面形貌特征的信息，如二次电子、背散射电子等，信号经过处理后送到阴极射线管（CRT）的栅极调制其亮度，从而在与入射电子束做同步扫描的 CRT 上显示出试样表面的形貌图像。根据成像信号的不同,可以在扫描电镜的 CRT 上分别产生二次电子像、背散射电子像、吸收电子像、X 射线元素分布图等。扫描电镜具有景深大、图像立体感强、放大倍数范围大、连续可调、分辨率高、样品室空间大且样品制备简单等特点,是进行样品表面研究的有效分析工具。

本实验中采用的是 Quanta 250 FEG 扫描电子显微镜,其外形如图 21-2 所示。

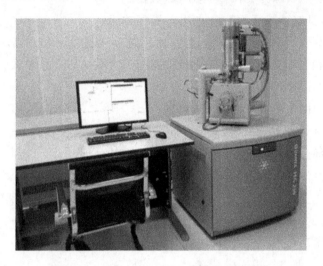

图 21-2　Quanta 250 FEG 扫描电子显微镜

三、仪器与材料

1. 仪器:扫描电子显微镜(Quanta 250 FEG)、离子溅射喷金仪。
2. 材料:化纤、羊毛、棉纱、导电胶等。

四、实验步骤

(一)纤维样品的制备

需要按观察要求将化纤、羊毛、棉纱等原丝(或编织物、静电纺丝)样品横向(轴向)两端用胶带固定或纵向观察(观察断口或内部),也可以将纤维插进专业的套管或利用医学中常用的包埋法将其固定。

不导电的纤维或高分子材料样品表面在电子束照射时会积累电荷,使得扫描产生的图像严重变形、失真。这类样品一般都需要蒸镀一层导电层,这样可有效地防止样品表面积累荷电,提高试样二次电子的发射率,减少试样表面的热损伤,增加导电性和导热性。用于蒸镀导电层的材料有金、铂、银、铜、铝、碳等,观察二次电子像常选择金、铂作为蒸镀导电层的材料,这是因为金、铂易蒸镀,膜厚易控制,二次电子发射率高,导电膜化学性能稳定。对于用背散射电子信号观察原子序数衬度像的样品,则需要进行抛光,不导电的样品还须在其表面喷碳(因镀金层吸收背散射电子过多,影响背散射电子信号观察)。

选择一定的离子溅射电流强度和溅射时间,利用离子溅射喷金仪在化纤样品(或其他高分子材料)的表面喷涂上一层薄薄的金属。

(二)SEM 电镜操作

1.扫描电镜的启动(开机):

(1)打开总电源,接通循环水;

(2)打开主机稳压电源开关,确认电压准确、稳定;

(3)打开主机,真空系统开始工作,打开计算机并运行;

(4)约 20min 后仪器自动抽高真空,真空度达到后,点击电子枪加高压,进入工作状态;

(5)通过计算机可以进行样品台的移动,进行放大倍数、聚焦、象散、对比度、亮度等调整,直到获得满意的图像;

(6)对于满意的图像可以进行存盘或打印;

(7)若需进行 X 射线能谱分析,需要提前 2h 加入液氮,并使探测器进入工作状态;

(8)打开能谱部分的计算机进行图谱收集和相应的分析;

(9)若需观察背散射电子像,可将工作距离调整为 15mm,然后插入背散射电子探测器,用完后随时抽出。

2.更换样品时的操作:

(1)关闭电子枪高压,调整样品台回到中心位置;

(2)打开放气阀,使空气进入样品室;

(3)打开样品室,从样品台架上取出样品台;

(4)更换样品后关上样品室门,使真空系统开始工作,重复开机操作中的步骤(4)~步骤(6)。

3.关机时的操作:

(1)关闭电子枪高压,调整样品台回到中心位置;

(2)关闭扫描电镜操作界面,关闭计算机;

(3)关闭主机电源,扫描电镜停止工作;

(4)等待 20min 后关闭循环水;

(5)关闭总电源。

五、数据处理

记录试样名称与规格、仪器型号、仪器工作参数、原始数据等。

六、注意事项

1.观察金相试样表面形貌时,应保证其表面的抛光质量。

2.注意观察不良导电体,避免发生荷电积累现象。

七、思考题

1.简述扫描电镜观察表面形貌的基本原理。

2.对纤维试样需进行怎样的处理,才能观察其表面形貌?

附录:

静电纺丝法制备聚合物纳米纤维

一、原理

纳米纤维由于具有极小的直径、极大的比表面积和表面积体积比的结构特点,其表面能和活性增大,从而在化学、物理(热、光、电磁等)等许多性能方面表现出特异性,可作为高性能吸附、过滤、防护、生物医用等材料。聚合物纳米纤维的制备方法有静电纺丝法、复合纺丝法、分子喷丝板法、生物合成法、化学合成法等。静电纺丝法是一种高效、低耗的聚合物纳米纤维制备方法,是目前研究的热点,而且具有较大的发展前景,也是制备非织造布的一种工艺。

静电纺丝技术是基于高压静电场下导电流体产生高速喷射的原理发展而来的,其主要过程是通过强电场,利用电极向聚合物熔融物或溶液中引入静电荷,在电场作用下拉伸,由于聚合物有一定的黏性,在牵拉时可以形成细丝而不会形成液滴。静电纺丝法在一般情况下可以得到直径在 $0.1\mu m$ 数量级的纤维,比普通挤出纺丝法($10\sim100\mu m$)制得的纤维直径小得多。很多种材料,如聚合物、聚合物和其他材料的混合物、陶瓷、金属纳米线都曾经通过静电纺丝法直接或间接得到。静电纺丝法可以得到各种混合纤维,因此可以很大程度上改变纤维的性质,同时可以对纤维材料做定向的改性。通过控制电场形状等参数,可以得到网状、平行排列、无规三维结构、弹簧状和漩涡状等结构的纤维;而通过改变纺丝头的结构,则可以得到空心等结构的纤维。

二、仪器与材料

1. 仪器:静电纺丝装置(高压静电发生器)如图1和图2所示、电子天平(精度0.1mg)、干燥箱、烧杯(250mL、100mL、50mL)、搅拌器。

2. 材料:聚乙烯醇、去离子水。

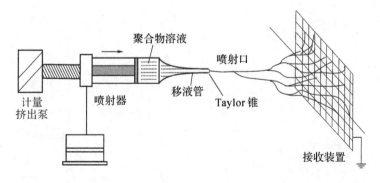

图 1　静电纺丝装置示意

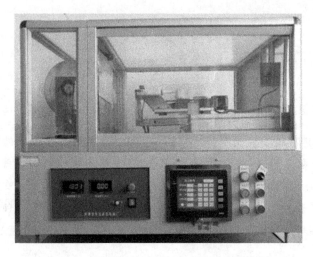

图2　本实验采用的静电纺丝装置实物

三、实验步骤

1.将聚乙烯醇和去离子水按一定比例加热,搅拌溶解,冷却,制成聚乙烯醇溶液。

2.取适量配制好的聚乙烯醇溶液注入喷射器中,排出气泡;将注射器固定在计量挤出泵上;将高压电源正极夹在喷射口上,负极接在接收装置上。

3.打开计量挤出泵,选择合适的挤出速率。待溶液被缓慢挤出后,打开高压电源,选择合适的电压值。适当调节接收距离,观察收集装置处得到的聚乙烯醇非织造布样品。

4.调节静电压值、纺丝液流量、接收距离等实验参数,观察纺丝液静电纺丝性能的变化。

5.纺丝完毕后,先关闭高压电源,再关闭微量挤出泵开关。

6.清理仪器,清洗注射器和挤出导管。

在实验过程中需注意操作安全,先将电压调至"0"并关闭电源后,再进行样品的收集处理和挤出泵的拆卸、更换样品溶液等操作。在进行操作时切勿靠近喷射器,以免发生事故。

图书在版编目（CIP）数据

高分子仪器分析实验方法 / 董坚等编著. —杭州：
浙江大学出版社，2017.10
ISBN 978-7-308-17090-1

Ⅰ.①高… Ⅱ.①董… Ⅲ.①高聚物－仪器分析－实
验方法 Ⅳ.①O631.6-33

中国版本图书馆 CIP 数据核字（2017）第 162623 号

高分子仪器分析实验方法

董　坚　刘福建　邵林军　孟　旭　叶　锋　编著

责任编辑	徐　霞	
责任校对	陈静毅　郝　娇	
封面设计	俞亚彤　周　灵	
出版发行	浙江大学出版社	

（杭州市天目山路 148 号　邮政编码 310007）

（网址：http://www.zjupress.com）

排　　版	杭州中大图文设计有限公司	
印　　刷	虎彩印艺股份有限公司	
开　　本	787mm×1092mm　1/16	
印　　张	4.5	
字　　数	107 千	
版 印 次	2017 年 10 月第 1 版　2017 年 10 月第 1 次印刷	
书　　号	ISBN 978-7-308-17090-1	
定　　价	20.00 元	